SuperMap Deskpro .NET 插件式开发

SuperMap 图书编委会　著

清华大学出版社

北京

内 容 简 介

桌面扩展开发作为一种重要的地理信息系统应用开发模式，已经在很多行业以及高校教学和科研中得到很好的应用。本书由浅入深，结合实际的应用案例，以通俗易懂的语言介绍了如何使用 SuperMap Deskpro .NET 进行插件式扩展开发。

本书一共分为 7 章，包括开发基础、快速入门、对象模型、配置文件、插件开发、启动开发以及应用案例。

本书主要面向地理信息系统相关专业的师生，可作为地理信息系统专业高年级学生或者研究生的实习教材，也可供从事桌面插件式开发的工作人员参考，帮助他们快速解决学习和工作中遇到的问题。

图书在版编目(CIP)数据

SuperMap Deskpro .NET 插件式开发/SuperMap 图书编委会著. --北京：清华大学出版社，2012.3
ISBN 978-7-302-27987-7

Ⅰ. ①S… Ⅱ. ①S… Ⅲ. ①地理信息系统—应用软件，SuperMap Deskpro—程序设计 Ⅳ. ①P208-39

中国版本图书馆 CIP 数据核字(2012)第 022595 号

责任编辑：文开琪　汤涌涛
装帧设计：杨玉兰
责任校对：周剑云
责任印制：张雪娇

出版发行：清华大学出版社
网　　　址：http://www.tup.com.cn，http://www.wqbook.com
地　　　址：北京清华大学学研大厦 A 座　　　　邮　　编：100084
社 总 机：010-62770175　　　　　　　　　　　邮　　购：010-62786544
投稿与读者服务：010-62776969，c-service@tup.tsinghua.edu.cn
质 量 反 馈：010-62772015，zhiliang@tup.tsinghua.edu.cn
课 件 下 载：http://www.tup.com.cn，010-62791865
印 装 者：北京市清华园胶印厂
经　　　销：全国新华书店
开　　　本：185mm×260mm　　　印　张：13.25　　插　页：2　　字　数：318 千字
　　　　　　（附光盘 1 张）
版　　　次：2012 年 3 月第 1 版　　　　　　　印　　次：2012 年 3 月第 1 次印刷
印　　　数：1～4000
定　　　价：39.00 元

产品编号：045213-01

前　　言

曾经只有专家才能使用的地理信息软件系统，现在已经融入我们生活的各个方面(包括日常出行和位置服务等)，越来越多的公司和个人也加入到使用地理信息平台软件进行各种应用系统开发的行列中。进行应用开发时，不可避免地涉及如何更好地利用地理信息平台软件已经提供的功能，如何对地理信息平台系统提供的功能进行组合。本书将以 SuperMap Deskpro .NET 产品为例，介绍如何在地理信息平台软件的基础上进行行业应用扩展开发。阅读本书时，需要读者有一定的编程基础，了解 C#编程语言，能够读懂代码，同时对地理信息系统有一定的了解。

SuperMap Deskpro .NET 是一款可编程、可扩展、可定制的二三维一体化桌面 GIS 产品，是超图的新一代桌面 GIS 产品。产品基于.NET Framework 和 SuperMap Objects .NET 进行研发，所有的功能均以插件的方式实现和提供，应用系统所加载的插件和界面构建都采用配置方式进行管理。基于这种插件式的基础框架，用户可以对产品进行定制和扩展开发。本书将从最基础的开发入门开始，一步一步地引导你进入一个精彩的插件式开发新天地。本书既可作为学习教程，也可作为日常开发过程中的重要参考资料。

本书一共分为 7 章。

- 第 1 章介绍桌面 GIS 二次开发的由来，简要介绍 SuperMap Deskpro .NET 产品的安装、功能、界面和二次开发。

- 第 2 章以"鹰眼图"为例，介绍一个简单的 SuperMap Deskpro .NET 二次开发插件，以帮助读者快速了解其插件开发方法。

- SuperMap Deskpro .NET 提供了丰富的可编程对象，第 3 章详细介绍其全局对象、窗体相关对象以及 Ribbon 控件对象。

- 第 4 章详细介绍配置文件中各项的含义，以及如何编写插件的配置文件。

- 第 5 章在前面几章的基础上，以"符号标绘"和"三维鹰眼"为例，深入介绍 SuperMap Deskpro .NET 插件开发的全过程。

- 第 6 章将通过两个例子的实现，讲述如何重写 SuperMap Deskpro .NET 的默认启动程序，以实现用户自定义的启动效果。

- 第 7 章详细介绍 SuperMap Deskpro .NET 在气象、水利、数字水印等方面的应用案例。

SuperMap Deskpro .NET 是基于 SuperMap Objects .NET 进行研发的，在本书范例开发过程中，不可避免会涉及 SuperMap Objects .NET 开发的一些相关内容，但本书以介绍 SuperMap

Deskpro .NET 的开发为主,更多关于 SuperMap Objects .NET 开发的内容可参考相关帮助文档或者网络资源(support.supermap.com.cn)。

编写本书的范例时使用的操作系统均为 Windows 7,使用 Visual Studio 2008 进行开发和调试,采用 C#作为开发语言,SuperMap Deskpro .NET 使用的是最新发布的 2012(6.1)版本。所有的范例程序和 SuperMap Deskpro .NET 安装包均可在本书配套的 DVD 中找到。

本书作者均为长期在超图软件从事 GIS 平台研发与应用系统开发的资深技术人员,参加编写的成员有崔雪、陈勇、刘晓妮、魏小兰、辛宇、赵芊(以姓氏字母为序)等。在本书的创作和编写过程中,得到了清华大学出版社的大力支持,在此表示衷心的感谢!由于作者水平有限,书中难免存在不足和疏忽之处,恳请读者批评指正。

SuperMap 图书编委会

目　　录

第 1 章　开 发 基 础

欢迎阅读本书!SuperMap Deskpro .NET 是可编程、可扩展、可定制的二三维一体化桌面 GIS 软件，提供了数据管理、地图相关、布局排版、三维以及数据处理和类型转换的功能，能满足用户的多样化需求。

本章将介绍桌面 GIS 二次开发的由来，简要介绍 SuperMap Deskpro .NET 的安装、功能、界面和二次开发。

本章主要内容:

●　SuperMap Deskpro .NET 的功能、界面布局以及二次开发的环境

●　SuperMap Deskpro .NET 的安装和许可配置

●　如何构建简单的 C#应用程序

1.1　桌面 GIS 与二次开发由来

桌面 GIS 软件一直是 GIS 业界的拳头产品。早期的 GIS 软件都是桌面 GIS 软件，无一例外。集成式 GIS 和模块化 GIS 软件也都只是桌面 GIS 软件不同的表现形式。桌面 GIS 借助桌面操作系统在 GIS 各种软件中占绝对统治地位。使用桌面 GIS 软件可以完成数据编辑、检索和输出等功能。

近年来，桌面 GIS 软件受到了前所未有的挑战，挑战来自 WebGIS、ComGIS、嵌入式 GIS 以及今后可能出现的其他形式的 GIS 软件，因为传统的桌面 GIS 软件可扩展性非常差，而且已有功能虽然能满足用户的部分需求，但不能满足全部需求。鉴于这种情况，用户往往会选择 WebGIS 和 ComGIS 等 GIS 开发平台，以满足自己的需求，尤其是行业用户，更需用使用 GIS 开发平台并结合自己的行业特点，开发出符合自己业务需求的 GIS 系统。

在二次开发的过程中，人们逐渐意识到下面三个问题。

●　虽然各个行业的需求各不相同，但对于基本的 GIS 功能，如放大、缩小、SQL 查询、地图显示等功能，都是需要的。

●　开发周期较长。对于一个不是很大的系统，有时仅想增加几个业务功能，但如果用 GIS 开发平台进行开发，却需要重新开发所有的功能(如 SQL 查询功能)，且测试工作量也比较大。

- 对开发人员要求较高。客户在二次开发时需要有框架意识，需要考虑所开发软件的可扩展性，以满足日后业务不断变化的需求。

鉴于上述问题，市场上越来越需要一个可扩展开发且能力较强的桌面 GIS 软件，能够让开发人员在一个具备通用 GIS 功能且稳定的框架上增加自己的业务模块，使开发人员只要专注于开发业务模块就可以完成一个高质量的业务系统。在这种环境下，支持扩展开发的 SuperMap Deskpro .NET 于 2010 年应运而生。

1.2　SuperMap Deskpro .NET 简介

首先让我们先来了解一下 SuperMap Deskpro .NET，我们将介绍它的主要特色、主要功能以及用户界面。

1.2.1　软件简介

SuperMap GIS 桌面软件是一套运行在桌面端的专业 GIS 软件，是通过 SuperMap Objects .NET、桌面核心库和 .NET Framework 2.0 构建的插件式 GIS 应用，能够满足大多数终端用户的需求，同时也为高级的用户和开发人员提供了全面的客户化定制功能。SuperMap GIS 桌面软件包括三个版本。

- **SuperMap Viewer .NET**　SuperMap Viewer .NET 提供了数据加载和数据浏览功能，主要侧重于二三维数据一体化浏览功能、地图制图功能、布局排版功能和打印功能。同时，还提供了界面元素定制功能，可以满足用户在现有桌面基础上定制个性化桌面的需求。

- **SuperMap Express .NET**　SuperMap Express .NET 在 SuperMap Viewer .NET 基础上增加了数据编辑和数据处理等功能，能够满足 GIS 专业人士的诸多需求，从数据采集、数据处理到最后的地图输出。此外，在二三维一体化应用方面，除了提供二三维数据的一体化浏览功能，还提供了三维数据缓存处理功能和简单的对象编辑功能。

- **SuperMap Deskpro .NET**　SuperMap Deskpro .NET 是 SuperMap GIS 桌面软件中的旗舰式 GIS 软件，它不仅涵盖 SuperMap Express .NET 的所有功能，还支持扩展开发，是一款可编程、可扩展、可定制的二三维一体化的桌面 GIS 软件，能满足用户的多样化需求。

1. SuperMap Deskpro .NET 的主要特色

- **稳定**　基于.NET Framework，采用异常机制，极大地提高了应用系统的稳定性。

- **直观**　使用 Ribbon(功能区)界面风格，取代传统的菜单工具栏模式，不仅美观，还能使功能组织更清晰、直观。

- **易用性增强**　"功能就在您手边"的设计理念，提供了丰富的右键菜单和鼠标事件的响应功能，随时随地可以进行想要执行的操作，增强软件的易用性。

- **模板化的应用**　用户通过自己设计模板和使用系统提供的模板，提高了工作成果的重用性，提高了工作效率。

- **所见即所得的呈现方式**　用户的操作会实时地得到应用，保证用户在第一时间看到操作的工作成果，方便设计和修改。

- **插件式框架**　所有的功能都是以插件的方式实现和提供的，并且应用系统所加载的插件和界面构建都采用配置方式来管理。基于软件的基础框架，用户可以对软件进行定制和扩展开发。

2. SuperMap Deskpro .NET 提供的功能

- **数据管理功能**　提供工作空间管理、数据源管理、数据集管理功能；提供对空间数据及其属性的全面操作和处理(包括创建、编辑、管理、访问等)功能。

- **地图相关功能**　地图是对地理或空间数据及其空间关系的呈现和表达，同时制图功能也是 GIS 的基础功能之一，所以 SuperMap Deskpro .NET 提供了综合的地图显示、渲染、编辑以及出图等功能，提供了制作各种专题图的功能，包括标签专题图、统计专题图、分段专题图、点密度专题图等。

- **布局排版功能**　提供布局排版打印等功能，并且，布局排版与二维地图使用同一套对象模型，同时，支持 CMYK 颜色模型，支持海量数据打印。

- **三维功能**　SuperMap Deskpro .NET 提供了场景(三维球体)来模拟现实世界中的地球，场景中可以加载二维数据，实现了二三维一体化，即二维数据可以在三维环境中显示、浏览和操作。另外，场景中还可以加载海量影像数据、地形数据、模型数据和支持 KML 格式的数据。

- **数据处理与转换功能**　可以将其他格式的数据导入 SuperMap Deskpro .NET 中，成为可操作的 SuperMap 数据格式，同时也可以将 SuperMap 格式的数据导出为其他数据格式。另外，SuperMap Deskpro .NET 还提供了生成三维缓存的功能，可以对海量影像、地形、模型数据建立三维缓存，从而提高数据在场景中的应用效率。

3. SuperMap Deskpro .NET 提供的亮点功能

- 支持新的专题图制作功能，包括统一风格、分段风格、复合标签、标签矩阵四种专题图的制作，同时，还包括对栅格数据制作单值专题图和分段专题图。

- 支持工作的模板化功能，即提供了丰富的专题图模板以及提供了制作默认专题图的功能，用户只需单击相应的一个按钮或者选择某个模板即可完成专题图的制作。

- 支持二维数据在三维环境中的加载、显示、浏览等操作。

- 支持第三方模型加载到场景。

- 支持海量地形数据和影像数据加载到场景。

1.2.2 用户界面

应用程序的主界面如图 1-1 所示，界面的风格采用 Ribbon (功能区)风格，取代了利用菜单和工具栏组织各个功能项和命令的传统模式，而是将各种具有一定功能的 Ribbon 控件放置在功能区，直观地呈现在用户面前，便于功能的使用与查找。

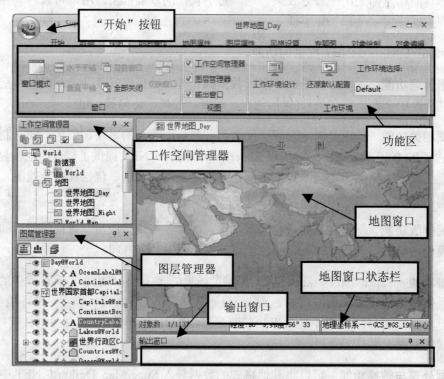

图 1-1 SuperMap Deskpro .NET 的主界面

- **"开始"按钮** 在应用程序用户界面中，左上角的 按钮为"开始"按钮，单击"开始"按钮后会弹出"开始"菜单，"开始"菜单提供了新建、打开、保存、另存、示范数据、帮助、打印、关闭、桌面选项、退出桌面等选项，还提供了最近使用的工作空间和数据源列表，有利于用户快速浏览和直接打开最近使用的文件。

- **功能区** 在 Ribbon 风格的界面中，各个功能和命令都相应地与一个 Ribbon 控件进行绑定。Ribbon 控件是指能够放置在功能区上的控件，例如按钮、下拉按钮、文本框、复选框等。功能区则是承载这些控件的区域，图 1-2 所示即为应用程序的功能区，所有控件都组织在这个区域内。为了便于功能的分类，功能区还提供了其他组织形式，包括选项卡和组。功能区的每一个选项卡围绕着功能针对的特定对象或方案来组织控

件，选项卡中的组又将控件进行细化，将功能类似的控件放置到同一个组中，如图 1-2
所示。

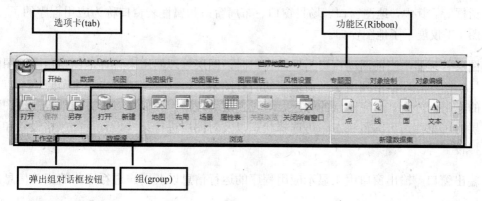

图 1-2　功能区

- **工作空间管理器**　如图 1-3 所示，工作空间管理器采用树状结构的管理层次，这恰好
是工作空间管理自身数据的层次结构，正如一个工作空间包含数据源、地图、布局、
场景和资源集合，工作空间管理器的根节点对应着打开的工作空间，根节点显示的名
称为打开的工作空间的名称，其下一级节点分别是：数据源、地图、布局、场景和资源。

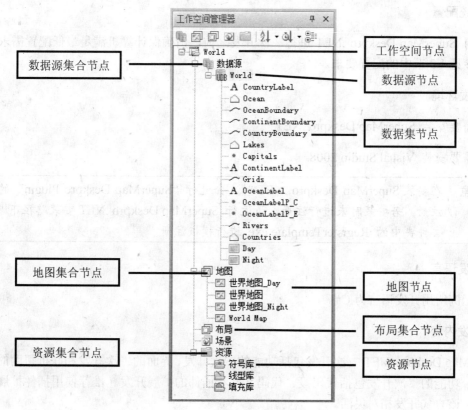

图 1-3　工作空间管理器

- **地图窗口**　应用程序中的窗口主要包括应用程序的主窗口、浮动窗口以及地图窗口、场景窗口、布局窗口、浏览属性数据的属性表窗口，还有在功能操作过程中出现的对话框等。其中，地图窗口、场景窗口、布局窗口和属性表窗口称为应用程序的子窗口，图 1-1 仅展示了地图窗口。

- **图层管理器**　当前活动窗口为地图窗口时，图层管理器用来管理地图窗口中地图的图层。图层管理器中列出了当前地图的所有图层，每一个图层对应一个节点，节点显示的文字部分为其对应图层的标题。通过图层管理器，我们可以很方便地控制地图中图层的可见性、可编辑状态、可选择状态以及对图层进行某些设置，如风格设置和可捕捉设置等。

- **输出窗口**　输出窗口用来显示应用程序的运行信息以及用户进行操作的相关信息。

以上简单介绍了 SuperMap Deskpro .NET 的界面，如需进一步了解，请参见联机帮助"用户界面介绍"的内容。

1.2.3　二次开发环境

1. 系统配置

在使用 SuperMap Deskpro .NET 进行二次开发之前，请确保计算机满足最低配置需求。具体请参见 1.3 节中的配置要求。

2. 开发环境

- 需要安装 SuperMap Deskpro .NET

- 需要安装 Visual Studio 2008

> **注意**　在安装 SuperMap Deskpro .NET 时，会进行"SuperMap Deskpro Plugin"的模板注册。若安装时未进行注册，请运行 SuperMap Deskpro .NET 安装路径下 Tools 文件夹中的 RegisterTemplate.exe 进行模板注册。

3. 开发语言

本书示例所用开发语言为 C#。

4. 开发内容

SuperMap Deskpro .NET 二次开发包括功能的二次开发、界面的二次开发和联机帮助的二次开发。功能的二次开发包括代码段、代码文件和插件的扩展开发。推荐使用插件扩展开发方式，该方式开发相对灵活。

开发前请开发者先学习对象模型，掌握 SuperMap Deskpro .NET 的开发框架和接口，具体内容请参考第 3 章。

注意　因为 SuperMap Deskpro .NET 扩展开发 GIS 功能，需要用到 SuperMap Objects .NET 组件，本书仅介绍 SuperMap Deskpro .NET 的扩展开发方法，不会深入讲解所用到的 SuperMap Objects .NET 的语法和接口，即假设读者已经会使用 SuperMap Objects .NET 开发应用程序。如果开发中遇到组件接口使用问题，请查阅 SuperMap Objects .NET 的联机帮助。同时为了能开发出更好的 SuperMap Deskpro .NET 插件，建议在开发前先简单学习一下 SuperMap Objects .NET 的开发方法。

1.3　软件安装

安装步骤比较简单，需要注意的是软硬件环境要求和许可管理工具。如果不安装许可管理工具，就无法配置许可，即使 SuperMap Deskpro .NET 安装好了也不能用。

1.3.1　软硬件环境要求

在安装 SuperMap Deskpro .NET 之前，请确保计算机满足最低配置需求。具体参考下面的硬件和软件要求。

(1) 最低硬件配置要求如下。

- 处理器：单核，主频为 2.00 GHz

- 内存：256 MB

- 硬盘容量：10 GB

(2) 推荐硬件配置要求如下。

- 处理器：主频 2 GHz 以上

- 内存：1 GB

- 硬盘容量：40 GB

如需体验三维效果，请参考以下配置。

① 最低硬件配置要求

- 处理器：单核，主频为 2.00 GHz

- 内存：512 MB

- 硬盘容量：10 GB

- 显卡：显存 128 MB

② 推荐硬件配置要求

- 处理器：如单核，主频为 3.00 GHz；如双核，主频为 2.00 GHz

- 内存：2 GB 或以上

- 硬盘容量：40 GB 或以上

- 显卡：独立显卡，显存 256 MB 或以上

(3) 操作系统要求如下。

- Microsoft Windows XP (SP2 或以上)

- Microsoft Windows Server 2003 (SP1 或以上)

- Microsoft Windows Vista 系列

- Microsoft Windows Server 2008 系列

- Microsoft Windows 7 系列

(4) 其他软件要求如下。

- Microsoft .NET Framework 2.0

- 对数据库的支持

  - SQL Server 2000/2005/2008

  - Oracle 9i/10g/11g

注意 三维渲染暂不支持 Direct 3D。

1.3.2 获取安装包

SuperMap Deskpro .NET 安装包可以通过以下两种方式获取。

- 购买 SuperMap Deskpro .NET 即可获取相应的软件安装光盘。

- 进入北京超图软件股份有限公司网站(http://www.supermap.com.cn)，在网站首页进入下载中心，在下载中心的平台软件中找到 SuperMap Deskpro .NET 的安装包。

本书配套光盘中已经提供了 SuperMap Deskpro .NET 安装包，位于配套光盘\软件安装包\SuperMap Deskpro .NET 安装包.zip。在安装之前，需要将 SuperMap Deskpro .NET 安装包.zip 进行解压。

1.3.3　安装 SuperMap Deskpro .NET

打开本书配套光盘中的"软件安装包"文件夹，将 SuperMap Deskpro .NET 安装包.zip 进行
解压。请按照以下步骤完成 SuperMap Deskpro .NET 的安装。

(1) 在解压的 SuperMap Deskpro .NET 的安装包目录中，双击安装文件 setup.exe，将会出
现 SuperMap Deskpro .NET 启动安装界面，如图 1-4 所示。

图 1-4　启动安装界面

(2) 弹出图 1-5 所示的对话框。单击"下一步"按钮，继续安装。单击"取消"按钮可退
出安装程序。

图 1-5　安装向导的欢迎界面

(3) 继续安装，弹出"许可证协议"对话框(如图1-6所示)后，请认真阅读最终用户许可协议。如果接受此协议，请选择"我接受许可证协议中的条款"，然后单击"下一步"按钮。如果不接受许可协议的条款，请单击"取消"按钮退出安装。

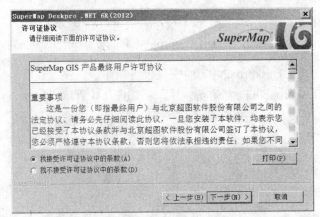

图1-6 "许可证协议"对话框

(4) 选择"我接受许可证协议中的条款"选项，单击"下一步"按钮，随后会弹出"安装类型"对话框，如图1-7所示。

● 全部：将所有的程序功能全部安装。

● 定制：由用户选择安装选项，推荐高级用户使用。

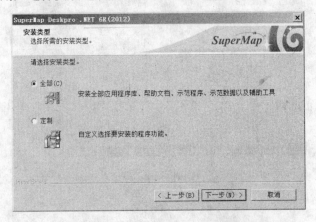

图1-7 "安装类型"对话框

(5) 继续安装，弹出"选择目的地位置"对话框，如图1-8所示。如果按照系统默认设置进行安装，直接单击"下一步"按钮即可；如果需要改变安装文件夹，则单击"浏览"按钮，指定安装路径，然后单击"下一步"按钮。

如果用户选择"定制"安装类型，这一步弹出的同样是"选择目的地位置"对话框，继续安装，单击"下一步"按钮，会弹出"选择功能"对话框，如图1-9所示，用户可以根据需要选择安装的内容。"定制安装"类型只安装列表中选中的内容。

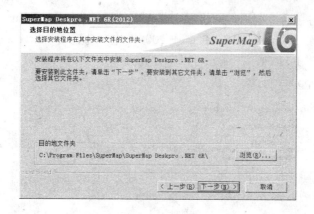

图 1-8 "选择目的地位置"对话框

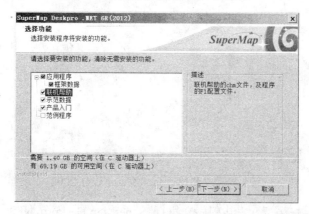

图 1-9 "选择功能"对话框

(6) 继续安装,直到弹出"可以安装该程序了"对话框。如果要更改或者查看任何设置,
就单击"上一步"按钮;如果对当前的设置确认无误,就单击"安装"按钮,进入安
装状态。

(7) 继续安装,随后弹出"安装状态"对话框(如图 1-10 所示),显示安装状态。可以单击
"取消"按钮取消此次安装。

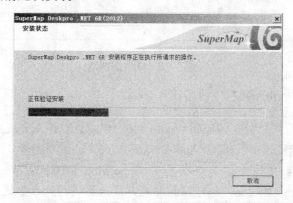

图 1-10 "安装状态"对话框

(8) 安装完成后，将自动检测用户的机器上是否安装了 Microsoft Visual C++ 2008。如果您的系统没有安装 Microsoft Visual C++ 2008，将自动启动 Microsoft Visual C++ 2008 安装程序，如图 1-11 所示。用户可以自行完成 Microsoft Visual C++ 2008 的安装。在安装目录 \Support\ 目录下提供了 Microsoft Visual C++ 2008 的安装程序 vcredist_x86.exe。

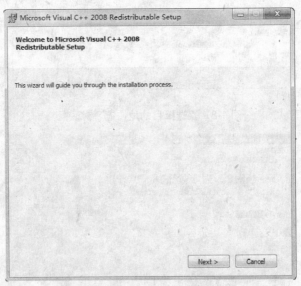

图 1-11   安装 Microsoft Visual C++ 2008

(9) 以上过程执行完毕之后，安装程序会执行 SuperMap Deskpro .NET 的注册/反注册，如图 1-12 所示。注册成功后，会在 Visual Studio 2008 中添加 SuperMap Deskpro Plugin 模板。

图 1-12   注册插件

注册完成之后，会自动执行下一步操作。

> **注意**   若您的系统中未安装 Visual Studio 2008，则安装程序不会进行 SuperMap Deskpro Plugin 的模板注册。SuperMap Deskpro .NET 安装成功后，会在安装路径下生成一个 Tools 文件夹，其中放置了 SuperMap Deskpro Plugin 的模板注册程序 RegisterTemplate.exe，您可以在安装完成后再运行此程序进行模板注册。

(10) 上面安装步骤执行完成后，会弹出图 1-13 所示的对话框，在这里可以选中"安装许可配置管理工具"复选框进行许可配置管理工具的安装。如果不在这里进行许可配置管理工具的安装，也可以使用本书配套光盘提供的许可配置管理工具的安装程序进行安装，即通过启动"配套光盘\软件安装包\许可配置工具安装包.zip"中的 setup.exe 进行许可配置管理工具的安装。这里选中复选框，单击"完成"按钮。

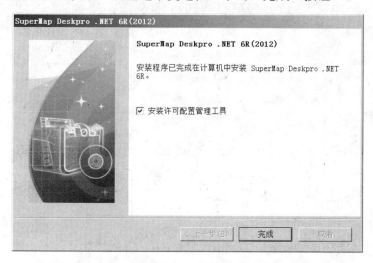

图 1-13 安装完成

> 注意
> - SuperMap GIS 全系列软件采用统一的许可配置管理工具来配置软件的使用许可，如果已经安装了该工具，则不需要再安装许可配置管理工具。
> - 在卡巴斯基杀毒软件开启(运行)时，SuperMap GIS 桌面软件可能不能正确安装。需要先将安装程序添加到信任区域，再运行安装程序。
> - 在卡巴斯基开启时，默认安装 SuperMap GIS 桌面软件后，可能会遇到不能显示图标以及帮助文档不能使用的情况。此时需要手动解压 SuperMap Deskpro .NET 安装目录下的 Resources 压缩文件和 SuperMap Deskpro .NET 安装目录\help 目录下的 WebHelp 压缩文件。

1.3.4 安装许可配置管理工具

如果安装 SuperMap 其他软件时已经安装了 License Manager(软件许可配置管理工具)，以下步骤可省略。

(1) 在 SuperMap Deskpro .NET 安装完毕之后继续安装 License Manager，首先需要指定软件许可配置管理工具的安装程序所在的路径，如图 1-14 所示。

(2) 如果保持默认情况下的安装文件，不需要修改 License Manager 程序所在的路径，直接单击"下一步"按钮即可。也可以直接找到 License Manager 的安装程序 Setup.exe 运行安装程序。软件许可配置管理工具的安装启动界面如图 1-15 所示。

(3) 继续软件许可配置管理工具的安装，单击"下一步"按钮。

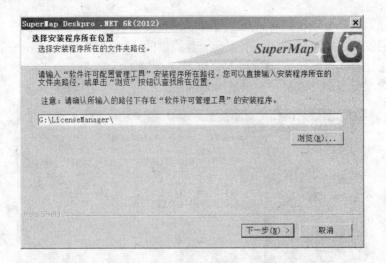

图 1-14　选择安装程序所在位置

图 1-15　SuperMap License Manager 的安装启动界面

(4)　继续安装，在弹出的"许可证协议"对话框中，请认真阅读最终用户许可协议。如果
接受此协议，请选择"我接受许可证协议中的条款"，然后单击"下一步"按钮；如
果不接受许可协议的条款，请单击"取消"按钮退出安装。

(5)　继续安装，弹出"安装说明"对话框后，单击"下一步"按钮。

(6)　继续安装，弹出"客户信息"对话框，如图 1-16 所示，输入用户名和公司名称，然后
单击"下一步"按钮。

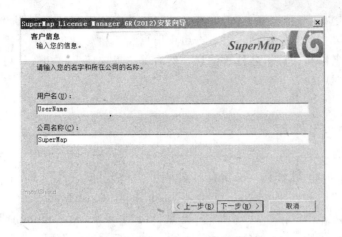

图 1-16　设置客户信息

(7) 随后弹出"可以安装该程序了"对话框。如果要更改或者查看任何设置，单击"上一步"按钮；如果对当前的设置确认无误，单击"安装"按钮。

(8) 单击"安装"按钮，弹出"安装状态"对话框。

(9) 单击"完成"按钮，完成安装。软件许可配置管理工具默认的安装位置为系统盘\Program Files\Common Files\SuperMap\LicenseManager6R\。

1.4　许　可　配　置

配置许可不是一次只能配置一个产品的许可，通过软件许可配置管理工具可以根据申请到的许可一次配置多个产品。下面介绍如何进行许可配置。

1.4.1　获取许可

在配置许可前，首先要获取许可，许可分为硬件许可和文件许可。文件许可是以文件的形式获得合法的软件运行许可。硬件许可是以硬件加密锁的形式获得合法的软件运行许可。

硬件锁分为两种：单机锁和网络锁。

● 单机锁：只提供一个用户端的授权许可，与 SuperMap GIS 软件安装在同一台计算机上。

● 网络锁：安装在服务器端，可提供多个授权许可。网络中许可范围内的客户端都可使用 SuperMap GIS 软件。网络加密锁可以安装在网络中任意一台计算机上，安装网络加密锁及网络服务的计算机被称为许可服务器。

如果已经正式购买了 SuperMap Deskpro .NET 的软件，会获得到超图软件提供的硬件锁；如果尚未购买软件，可以通过下面的方式获取试用许可。

可以通过页面 http://www.supermap.com.cn/sup/xuke.asp 自助申请免费的三个月试用许可。在此页面中单击"我同意"按钮,进入许可申请页面,填写姓名、电子邮箱、联系电话、用户名称、单位名称和计算机名称等信息,然后单击"申请"按钮,许可文件将会自动发送到指定的邮箱中。

1.4.2 配置文件许可

(1) 安装完 SuperMap 软件后,系统会自动弹出软件许可配置管理工具;您也可以通过选择"开始"|"所有程序"| SuperMap | SuperMap License Manager 6R 打开软件许可配置管理工具;或者通过运行系统盘 \Program Files\Common Files\SuperMap\LicenseManager6R\LicenseManager6R.exe 文件,打开软件许可配置管理工具。如果是在 Windows Vista 和 Windows 7 操作系统上配置许可,需要通过右击程序并选择"以管理员身份运行"来打开软件许可配置管理工具。

(2) 软件许可配置管理工具提供了"计算机名称"和"物理网卡地址"两个选项。"物理网卡地址"右侧的列表框显示内容为软件许可配置管理工具读取的计算机上网卡的识别码,选择用于申请文件许可的网卡地址,并确认此网卡处于开启状态。也可以选择"计算机名称",然后在"许可文件名称"处选择由北京超图软件股份有限公司合法授权的许可文件,即.lic 文件。如果许可文件中有用户名称和单位名称,则不需要手动输入用户名称和单位名称;如果许可文件中没有这两项信息,请输入申请许可文件时提供的用户名称与单位名称,如图 1-17 所示。

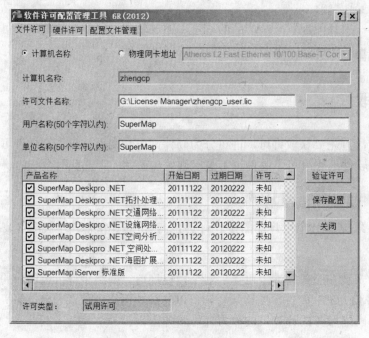

图 1-17 文件许可的配置界面

注意 对于英文操作系统上的许可文件.lic，建议用户放置的目录里不要包含非英文字符，否则可能造成读取许可文件失败。

(3) 单击"验证许可"按钮，验证是否配置成功。若配置成功，在"许可状态"一栏会标识"有效"，如图 1-18 所示。

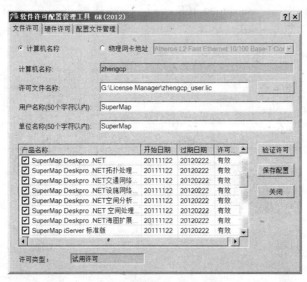

图 1-18   验证文件许可

注意 此时输入的用户名称、单位名称与申请许可文件时提供的信息必须保持一致，否则许可验证会失败。

(4) 单击"保存配置"按钮，保存当前许可信息，即将配置的许可信息写入配置文件(SuperMapLic.ini 文件)。
这里，可以通过勾选各个软件名称前的复选框来控制是否使相应软件的许可配置最终生效。如果相应的软件没有被选中，保存配置后，相应软件的许可信息就不会写入配置文件中，该软件将无法使用。

(5) 单击"关闭"按钮，关闭软件许可配置管理工具，完成文件许可方式的配置。

1.4.3   配置硬件许可

硬件许可方式需要使用硬件加密锁，所以必须安装加密锁的驱动程序。驱动程序安装成功后，才可将加密锁插到计算机相应的并口或 USB 接口上。驱动程序为 SuperMap License Manager 安装目录\Drivers\Sentinel\Sentinel Protection Installer 7.5.0.exe。

完成网络锁服务端的安装后，打开 Windows 的服务管理工具："控制面板"|"管理工具"|"服务"，找到其中的项目"SentinelKeysServer"，该服务即为网络锁的服务程序。一般

来说，安装之后系统会自动启动服务，如果没有启动，请使用工具栏或者右键快捷菜单启动服务。配置硬件许可步骤如下。

(1) 安装完 SuperMap 软件后，系统会自动弹出软件许可配置管理工具；您也可以通过选择 "开始" | "所有程序" | SuperMap | SuperMap License Manager 6R 打开软件许可配置管理工具；或者通过运行系统盘 \Program Files\Common Files\SuperMap\LicenseManager6R\LicenseManager6R.exe，打开软件许可配置管理工具(如果是在 Windows Vista 和 Windows 7 操作系统上配置许可，需要右击程序名称，选择 "以管理员身份运行")。

(2) 输入许可服务器的IP地址或者机器名，选择硬件锁的类型以及要配置许可的软件版本，如图 1-19 所示。

注意　如果使用许可服务器的 IP 地址，在查询许可时，速度相对快一些。

图 1-19　硬件许可配置

(3) 单击 "查询许可" 按钮，查询状态如图 1-20 所示，在查询过程中，可以单击 "停止查询" 按钮中止当前查询。对话框的最下方会显示出锁类型、用户名称以及单位名称信息。

(4) 单击 "保存配置" 按钮，保存当前许可信息，此操作会将您所做的配置信息写入一个配置文件(SuperMapLic.ini)中。
这里，可以通过勾选各个软件名称前的复选框来控制是否使相应软件的许可配置最终生效。如果相应的软件没有被选中，保存配置后，相应软件的许可信息就不会写入配置文件中，该软件将无法使用。

(5) 如果需要配置的软件许可服务分布在不同的服务器上，可以在第一次 "保存配置" 后，再次输入第二个许可服务器的 IP 地址或者机器名，该许可服务器会列出所支持的软件模块。

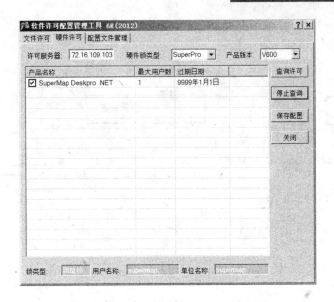

图 1-20 验证许可查询

(6) 单击"关闭"按钮，关闭软件许可配置管理工具，完成硬件许可方式的配置。

1.5 开 发 环 境

Visual Studio 2008 是一套完整的开发工具，用于 ASP Web 应用程序、XML Web Services、桌面应用程序和移动应用程序。Visual Basic .NET、Visual C++ .NET、Visual C# .NET 和 Visual J# .NET 全都使用相同的集成开发环境(IDE)，该环境允许它们共享工具并有助于创建混合语言解决方案。另外，这些语言利用了 .NET Framework 的功能，此框架提供对简化 ASP Web 应用程序和 XML Web Services 开发的关键技术的访问。图 1-21 为 Visual Studio 2008 开发环境。

- **主窗口** 在 Visual Studio 启动时，主窗口会默认显示一个介绍性的"起始页"。该主窗口还会显示所有的代码。这个窗口可以显示许多文档，每个文档都有一个标签，单击文件名就可以在文件之间切换。这个窗口也具有其他功能：它可以显示图形用户界面，该界面可用于设计项目、纯文本文件、HTML 以及各种内置于 Visual Studio 的工具。

- **菜单和工具栏** 在主窗口的上面有工具栏和菜单。其功能包括新建和保存项目，编译、运行和调试项目等。

- **工具箱** 提供了 Windows 应用程序的用户界面构建块，例如完成某些功能需要用到的控件。

- **解决方案资源管理器** 显示当前加载的解决方案的信息。解决方案是一个 VS 术语，它包含一个或多个项目及其配置。"解决方案资源管理器"窗口显示了解决方案中项目的各种视图，例如项目中包含的文件以及这些文件包含的内容等。

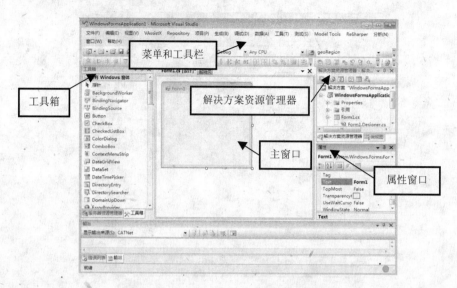

图 1-21　Visual Studio 2008 开发环境

- **属性窗口**　该窗口提供了项目内容的更详细视图，可以进行单个元素的相关配置。例如，使用这个窗口可以改变 Windows 窗体中按钮的外观。

- **错误信息窗口**　该窗口可以使用"视图"|"错误列表"命令打开，它显示了错误、警告和其他与项目有关的信息。这个窗口会持续不断地更新，但其中一些信息只有在编辑项目时才出现。

下面我们通过一个简单的例子来了解 Visual Studio 2008 的使用。以下为开发这个例子的操作步骤。

(1) 创建一个应用。运行 Visual Studio 2008，在菜单中选择"文件"|"新建"|"项目"，在图 1-22 所示的对话框中选择语言为 Visual C#，在"模板"窗格中选择"Windows 窗体应用程序"，文件命名为 SuperMapMoving，然后单击"确定"按钮。

(2) 设置窗体的属性，在属性(Properties)窗口中设置以下内容。

- MaximizeBox：False

- MinimizeBox：False

- Size：400, 400

- StartPosition：CenterScreen

- Text：移动的 SuperMap

(3) 添加控件并设置属性。在工具箱(Toolbox)中找到 Timer 和 Label 控件并将它们添加到窗体上。设置 Timer 控件的 Interval 属性为 500。设置 Label 控件的 Text 属性为 SuperMap，FontColor 为 red(红色)，Font 中的 Size 为 20、Bold 为 True、Italic 为 True。

图 1-22　新建 Windows 窗体应用程序

(4)　编写代码，该范例的代码主要分为三部分。

①　定义全局变量。本例中需要用到一个产生随机数的 Random 变量，用于随机生成 Label 在窗体中的位置，以达到动态变化的目的。代码如下：

```
//随机数
Random m_random = null;
```

②　选中主窗体，在属性窗口中单击事件(Event)按钮 ，找到 Load 事件，双击进入 Form1_Load 事件，在该事件中添加如下代码：

```
private void Form1_Load(object sender, EventArgs e)
{
    m_random = new Random();
    timer1.Enabled = true;//开启时钟
}
```

③　选中 Timer1 控件，在 Timer1_Tick 事件中添加如下代码：

```
Point pt = newPoint();
//计算随机数并设置 label 的位置，随机数产生的值要在对话框的客户区范围内
pt.X = m_random.Next(0, this.ClientSize.Width - label.Width);
pt.Y = m_random.Next(0, this.ClientSize.Height - label.Height);
label.Location = pt;
```

(5)　最后，单击"运行"按钮 ▶ Debug ▼或按 F5 键编译运行程序。程序运行后会弹出一个窗体，并在随机位置显示 SuperMap 字样，达到移动显示的效果，如图 1-23 所示。

图 1-23　程序运行界面

1.6　本 章 小 结

本章主要介绍桌面 GIS 和桌面 GIS 二次开发的由来，之后简单介绍 SuperMap Deskpro .NET 的界面和功能，最后介绍该软件的安装方法以及许可配置，旨在为下一步的实际项目开发打好基础。

在第 2 章中，我们将着手开发一个简单的 SuperMap Deskpro .NET 应用项目。

第 2 章 快 速 入 门

本章将带您完成一个简单的 SuperMap Deskpro .NET 二次开发插件，以便快速了解插件开发方法。更多的学习内容请阅读后续章节。

本章主要内容：

● 如何使用 SuperMap Deskpro .NET 快速制作一个鹰眼窗体插件

 本章示范数据使用的是 SuperMap Deskpro .NET 自带的京津地区范例数据。示范程序位于配套光盘\示范程序\第 2 章_快速入门。

2.1 项 目 说 明

鹰眼图又名缩略图，顾名思义，在鹰眼图上可以像从空中俯视一样查看地图框中所显示的地图在整个图中的位置，在 GIS 中属于一个非常实用的功能。下面我们使用 SuperMap Deskpro .NET 扩展开发一个鹰眼图，以方便地图浏览。如图 2-1 所示，右下角为鹰眼图，鹰眼图中矩形框部分为主地图窗口中显示部分。

图 2-1 鹰眼图运行效果

2.2 新 建 项 目

首先在 Visual Studio 2008 中新建一个 SuperMap Deskpro .NET 插件程序。

选择"文件"|"新建"|"项目"，打开图 2-2 所示的"新建项目"对话框。在"新建项目"对话框中，在左侧"项目类型"窗格中选择 Visual C#，在右侧"模板"窗格中选择 SuperMap Deskpro Plugin。在"位置"文本框中为项目文件选择一个目录。这里使用的是 D 盘根目录。为项目输入一个名称，此处项目名称为 QuickStart。单击"确定"按钮完成项目的新建。

图 2-2　新建项目

2.3　配置项目环境

从模板中继承的项目都是通用的，有时是需要修改的。本例中将会进行两处修改：更改项目属性和添加引用。

2.3.1　更改项目属性

用 SuperMap Deskpro Plugin 模板新建的项目，默认的项目属性均已配置好，包括项目输出路径、调试状态下启用的外部程序和编译时配置文件复制到的位置等，一般情况下不需要再修改。但本例中将要介绍用 SuperMap Deskpro .NET 的"工作环境设计"功能配置界面，这样便不需要使用.config 文件配置界面。因此，请按如下步骤取消.config 文件的作用。

(1) 选择 VS 2008 菜单中的"项目"|"Quick Start 属性(P)…"，弹出图 2-3 所示的对话框。

(2) 选择"生成"选项卡，在输出路径中设置该插件程序的输出路径为 SuperMap Deskpro .NET 的安装目录\Bin\Plugins\QuickStart。

(3) 选择"生成事件"选项卡。

(4) 将"生成后事件命令行(0)："中的已有字符串清空。

(5) 单击工具栏上的■("保存")按钮保存配置信息。

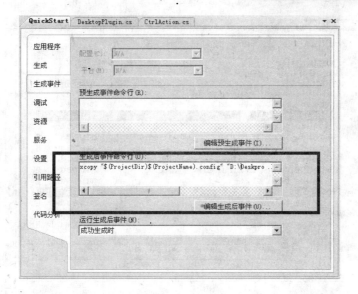

图 2-3　更改项目属性

2.3.2　添加引用

本例中需要用到 SuperMap Deskpro .NET 的组件，因此需要在写代码前先将 SuperMap
Deskpro .NET 组件的引用添加到项目中，添加方法为右击"解决方案资源管理器"窗口中
的"引用"项，在弹出的快捷菜单中选择"添加引用"，如图 2-4 所示。

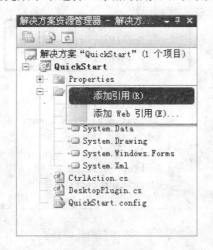

图 2-4　快捷菜单

在弹出的对话框中选择 SuperMap Deskpro .NET 安装目录/Bin 文件夹下的 SuperMap.Data.dll
和 SuperMap.Mapping.dll 两个文件。此处一定要选择 SuperMap Deskpro .NET 下的 DLL，
如图 2-5 所示。添加引用后的界面如图 2-6 所示。

图 2-5 "添加引用"对话框

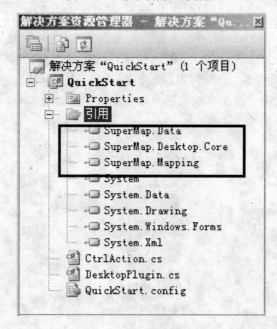

图 2-6 添加引用后的界面

2.4 编写代码

整个功能实现所用到的全部代码均在 CtrlAction.cs 类中实现，此文件名可以结合功能进行更改，本例中暂不修改。

2.4.1 实现步骤说明

实现步骤如下。

(1) 新建一个窗体，作为鹰眼窗体。

(2) 新建一个 MapControl(地图控件)，将该控件添加到鹰眼窗体中。

(3) 弹出窗体。

(4) 关联地图控件与工作空间。

(5) 打开地图。

(6) 添加主窗体地图的 Drawn 委托事件，当主窗体的地图被绘制后会触发该事件。本项目中，该事件主要实现的是获取主窗体的地图范围，然后在鹰眼窗体中用一个矩形框标识主窗体的地图可视范围。

(7) 添加鹰眼窗体地图的 MouseDown 委托事件，当鹰眼窗体的地图窗口有鼠标按键被按下时就会触发该事件。在本项目中，该事件主要实现的是以鼠标点击处的坐标为地图中心点坐标，将两个窗体中的地图中心点均设置为该点。

(8) 添加两个窗体的 FormClosing 委托事件，只要有窗体关闭，都要先将鹰眼窗体中的地图关闭，将鹰眼窗体的地图控件销毁，将鹰眼窗体也销毁。

2.4.2 添加引用

在程序中添加对 SuperMap Deskpro .NET 组件的引用，代码如下：

```
using SuperMap.Data;
using SuperMap.Mapping;
using SuperMap.UI;
```

2.4.3 重载构造函数

重载构造函数，目的是方便在二次开发过程中取出其关联的窗口，代码如下：

```
public MyCtrlAction(IBaseItem caller, IForm formClass) : base(caller, formClass)
{
}
```

以下是具体的参数说明。

- **IBaseItem** 指控件本身的对象，通过重载它，可以设置其属性。例如，如果建立的是

TextBox，可以调用重载后的对象设置 TextBox 中 Text 的值。

- **IForm**　指该控件所关联的窗体，关联的可以是地图、布局、场景、属性表，也可将其转化成 Form 对象，以使用.NET Framework 所提供的方法、属性、事件。

2.4.4　定义变量

在程序开始处定义三个变量，以供其他函数使用，如下所示：

```
//鹰眼图地图控件
private MapControl m_mapControlLocation = null;
 //矩形框，作用是在鹰眼图上显示主窗体的范围
private GeoRectangle m_geoRectangleMapBounds = null;
//鹰眼图对话框
private Form m_formLocation = null;
```

2.4.5　实现 Run 函数

Run 函数是插件程序启动后的入口程序，即程序的入口点，实现步骤的描述请参见 2.4.1 节，实现代码如下：

```
override public void Run()
{
    try
    {
        //设置鹰眼窗体参数
        m_formLocation = new Form();
        m_formLocation.Text = "鹰眼地图";
        m_formLocation.StartPosition = FormStartPosition.CenterScreen;
        m_formLocation.FormBorderStyle = FormBorderStyle.SizableToolWindow;
        m_formLocation.TopMost = true;

        //设置地图控件方法和属性
        m_mapControlLocation = new MapControl();
        m_mapControlLocation.Dock = DockStyle.Fill;
        m_formLocation.Controls.Add(m_mapControlLocation);

        //弹出窗口
        m_formLocation.Show();

        //获取当前活动主窗体的图层
        IFormMap mapWindow = FormClass as IFormMap;
        //在鹰眼图地图控件中显示地图
        m_mapControlLocation.Map.Workspace = mapWindow.MapControl.Map.Workspace;
        Boolean bOpen = m_mapControlLocation.Map.Open(mapWindow.MapControl.Map.Name);
        m_mapControlLocation.Map.ViewEntire();
```

```
//如果地图打开成功,则添加委托事件
if (bOpen)
{
    SuperMap.Desktop.Application.ActiveApplication.Output.Output(
                            "增加鹰眼图层成功");
    mapWindow.MapControl.Map.Drawn += new MapDrawnEventHandler(
                            MapControl_DrawnHandler);
    Form mapForm = mapWindow as Form;
    mapForm.FormClosing += new FormClosingEventHandler(
                            MyCtrlAction_FormClosing);
    m_mapControlLocation.MouseDown += new MouseEventHandler(
                            m_mapControlLocation_MouseDownHandler);
    m_formLocation.FormClosing += new FormClosingEventHandler(
                            m_formLocation_FormClosing);
}
else
{
    SuperMap.Desktop.Application.ActiveApplication.Output.Output(
                            "增加鹰眼图层失败");
}
}
catch (Exception ex)
{
    SuperMap.Desktop.Application.ActiveApplication.Output.Output(ex.Message);
}
}
```

2.4.6　实现委托事件

(1) 主窗体的地图被绘制后会触发 MapControl 的 DrawnHandler 事件。该事件主要实现获取主窗体的地图范围,然后在鹰眼窗体中用一个矩形框标识主窗体的地图可视范围。具体实现方法如下。
① 获取当前活动的主窗体地图 IFormMap。
② 创建一个矩形框,将主窗体地图的可视范围赋给该矩形框。
③ 设置矩形框风格。
④ 清空跟踪图层,将矩形框添加到鹰眼图的跟踪图层中用以标识当前主窗口的可视范围。

实现代码如下:

```
private void MapControl_DrawnHandler(object sender, MapDrawnEventArgs e)
{
    if (m_mapControlLocation == null)
    {
```

```
            return;
    }
    //获取当前活动主窗体的图层
    IFormMap mapWindow = FormClass as IFormMap;

    //设置矩形框的属性
    m_geoRectangleMapBounds = new GeoRectangle();
    m_geoRectangleMapBounds.Center = mapWindow.MapControl.Map.Center;
    m_geoRectangleMapBounds.Width = mapWindow.MapControl.Map.ViewBounds.Width;
    m_geoRectangleMapBounds.Height = mapWindow.MapControl.Map.ViewBounds.Height;

    //设置矩形框的风格
    GeoStyle style = new GeoStyle();
    style.LineColor = Color.Blue;
    style.LineWidth = 0.5;
    style.LineSymbolID = 6;
    style.FillBackOpaque = false;
    style.FillOpaqueRate = 0;
    m_geoRectangleMapBounds.Style = style;

    //将矩形框添加到跟踪图层
    if (!m_mapControlLocation.IsDisposed)
    {
        //清空跟踪层
        TrackingLayer trackLayer = m_mapControlLocation.Map.TrackingLayer;
        trackLayer.Clear();

        //添加对象
        trackLayer.Add(m_geoRectangleMapBounds as Geometry, "鹰眼图");
        m_mapControlLocation.Map.RefreshTrackingLayer();
        m_mapControlLocation.Refresh();
    }
}
```

(2) 当鹰眼窗体的地图窗口有鼠标按键被按下时，就会触发 MapControl 的 MouseDown 事件。在本项目中，该事件主要实现以鼠标点击处的坐标为地图中心点坐标，将两个窗体中的地图中心点均设置为鼠标点击处。实现步骤如下。
① 清空跟踪图层，获取鼠标点击处的坐标(此坐标为屏幕坐标)。
② 将屏幕坐标转换为地理坐标。
③ 设置矩形框的中心点坐标为上一步转换后的地理坐标。
④ 将主窗体地图的范围设置为矩形的范围。
⑤ 刷新地图。

```
private void m_mapControlLocation_MouseDownHandler(object sender, MouseEventArgs e)
{
    //清空跟踪层
    TrackingLayer trackLayer = m_mapControlLocation.Map.TrackingLayer;
```

```
    trackLayer.Clear();

    //改变矩形框位置
    Point pntCenter = new Point(e.X, e.Y);
    m_geoRectangleMapBounds.Center = m_mapControlLocation.Map.PixelToMap(pntCenter);

    //添加对象
    trackLayer.Add(m_geoRectangleMapBounds as Geometry, "鹰眼图");

    //改变主窗体地图可视范围
    IFormMap mapWindow = FormClass as IFormMap;
    mapWindow.MapControl.Map.ViewBounds = m_geoRectangleMapBounds.Bounds;
    mapWindow.MapControl.Map.Refresh();
    mapWindow.MapControl.Refresh();
}
```

(3) 对话框关闭事件。

添加主窗体和鹰眼窗体的 FormClosing 委托事件。只要有窗体关闭，都要先将鹰眼窗体中的地图关闭，销毁鹰眼窗体中的地图控件，销毁鹰眼窗体，避免退出系统或再次打开鹰眼窗体时系统出错。

```
void FormRelease()
{
    if (m_mapControlLocation != null)
    {
        m_mapControlLocation.Map.Close();
        m_mapControlLocation.Dispose();
        m_mapControlLocation = null;
    }
    if (m_formLocation != null)
    {
        m_formLocation.Dispose();
        m_formLocation = null;
    }
}

void m_formLocation_FormClosing(object sender, FormClosingEventArgs e)
{
    FormRelease();
}

void MyCtrlAction_FormClosing(object sender, FormClosingEventArgs e)
{
    FormRelease();
}
```

2.5 配置桌面环境

插件开发完成后，接下来的任务是将该插件与 SuperMap Deskpro .NET 桌面程序相关联，使用 SuperMap Deskpro .NET 桌面程序中的"工作环境设计"功能，对鹰眼图插件进行配置。本项目的配置操作步骤如下。

(1) 单击"视图"|"工作环境设计"按钮，操作界面如图 2-7 所示。

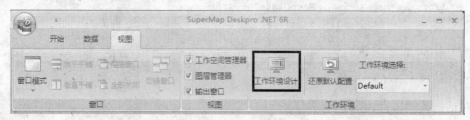

图 2-7 "工作环境设计"按钮

(2) 右击功能区下的"地图操作"项，在弹出的快捷菜单中选择"新建控件组"，如图 2-8 所示。

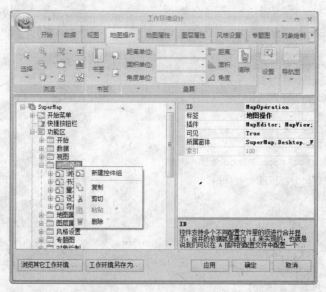

图 2-8 工作环境设置界面

(3) 设置该控件组的属性，将 ID 设置成 IndexMap，标签改成"鹰眼图"，插件选择 MapView，如图 2-9 所示。

图 2-9　控件组参数配置

(4) 右击"鹰眼图"控件组，在弹出的快捷菜单中选择"新建按钮"，如图 2-10 所示。

图 2-10　选择"新建按钮"

(5) 设置新建按钮的属性，设置按钮的标签为"显示鹰眼图"，大小为 Large，动态库选择
SuperMap Deskpro .NET 安装目录\Bin\Plugins\QuickStart\QuickStart.dll 文件，绑定类选
择 QuickStart.MyCtrlAction，如图 2-11 所示。

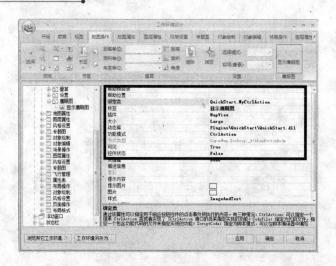

图 2-11　按钮参数配置

(6)　单击"确定"按钮结束工作环境配置。

　　　配置桌面环境除了可以使用本节介绍的环境界面配置以外，还可以使用.config 文件配置，具体可参见本书第 5 章。另外，配置桌面环境时只配置了几个参数，其他参数的具体说明可参见本书第 4 章。

2.6　编译并运行程序

该插件程序依赖于 SuperMap Deskpro .NET 运行，因此在运行或调试该插件时均会启动配置好的 SuperMap Deskpro .NET，步骤如下。

(1)　单击 VS 2008 工具栏中的运行按钮 ▶ 运行插件并启动 SuperMap Deskpro .NET 程序。

(2)　单击程序左上角的 ⬡ 图标，在弹出的菜单中选择"示范数据"|"工作空间"|"京津地区数据"。实践中也可使用其他示范数据或读者自己制作的工作空间数据。

(3)　双击"工作空间管理器"中的"京津地区地图"，在程序主窗体中随即显示出该地图。

(4)　单击"地图操作"|"显示鹰眼图"按钮(如图 2-12 所示)，随后将弹出"鹰眼地图"对话框。

图 2-12　程序运行操作界面

(5)　在主窗体中放大缩小地图即可看到鹰眼图中矩形框的变化，在鹰眼地图中单击地图，可以看到主窗体中地图中心点的变化，运行效果如图 2-13 所示。

图 2-13 运行效果

(6) 在 Visual Studio 2008 中可以对程序设置断点，跟踪调试代码。

2.7 接 口 说 明

在本项目的开发过程中，使用的主要接口如表 2-1 所示，具体可查阅 SuperMap Deskpro .NET 的联机帮助。

表 2-1 接口说明

序号	接口名称	功能说明
1	MapControl.Map	获取在地图控件中显示的地图对象
2	Map.Workspace	获取或设置当前地图所关联的工作空间。地图是对其关联工作空间中的数据的显示
3	Map.Open()	打开指定名称的地图。该指定名称为地图所关联的工作空间中的地图集合对象中的一个地图的名称，注意它有别于地图的显示名称
4	Map.ViewEntire()	全幅显示地图
5	SuperMap.Desktop.Application.ActiveApplication.Output.Output()	在 SuperMap Derskpro .NET 的输出窗口中输出提示信息
6	Map.Drawn	当地图被绘制后触发该事件
7	Map.Center	获取或设置当前地图的显示范围的中心点
8	Map.ViewBounds	获取或设置当前地图的可见范围，也称显示范围
9	GeoStyle.LineColor	线状符号或点状符号的颜色
10	GeoStyle.LineWidth	获取或设置线状符号的宽度
11	GeoStyle.LineSymbolID	线状符号的编码。此编码用于唯一标识各线状符号
12	GeoStyle.FillBackOpaque	判断当前填充背景是否透明

序号	接口名称	功能说明
13	GeoStyle.FillOpaqueRate	填充不透明度，合法值为 0~100 的数值。其中 0 表示完全透明；100 表示完全不透明。赋值小于 0 时按照 0 处理，大于 100 时按照 100 处理
14	GeoRectangle.Style	返回或设置此几何对象的几何风格
15	Map.TrackingLayer	获取当前地图的跟踪图层。跟踪图层是覆盖在地图的其他图层之上的一个空白的透明图层，详细信息请参见联机帮助的 TrackingLayer 类说明
16	TrackingLayer.Clear()	清空跟踪图层中的所有几何对象
17	TrackingLayerAdd()	向当前跟踪图层中添加一个几何对象，并给出其标签信息
18	Map.RefreshTrackingLayer()	用于刷新地图窗口中的跟踪图层
19	MapControl.Refresh()	刷新地图控件
20	Map.PixelToMap()	将地图中指定点的像素坐标转换为地图坐标

2.8 本章小结

本章学习了如何从新建项目开始快速制作一个 SuperMap Deskpro .NET 插件，制作的插件为鹰眼图插件。运行该插件后，主窗体中地图的放大缩小在鹰眼图中表现为矩形框的变化，在鹰眼地图中点击地图，可以看到主窗体中的地图中心点也随之变化。完成上述功能开发后，恭喜您已经成为 SuperMap Deskpro .NET 的初级开发者。

通过本章的学习，可以初步了解 SuperMap Deskpro .NET 二次开发的方法，也能体验到 SuperMap Deskpro .NET 开发的便捷与易学易用性。

第3章 对象模型

对象模型是一个抽象概念，可以理解为面向对象程序设计的一个组成部分。理解对象模型有助于开发者了解软件底层的实现机制。对于优秀的软件开发人员而言，在程序开发时理解开发软件中的对象模型，是写出高效程序的必要条件。

本章主要内容：

- 介绍 SuperMap Deskpro .NET 全局对象模型

- 介绍 SuperMap Deskpro .NET 窗体相关对象模型

- 介绍 SuperMap Deskpro .NET Ribbon 控件对象模型

3.1　全局对象模型

SuperMap Deskpro .NET 的对象模型，将类自身的类型、类和类之间的关系以及该类的主要事件都充分体现出来。图 3-1 是 SuperMap Deskpro .NET 中的整体对象结构简图。详细的结构图参见书末彩色插页。

> 🔖 **说明**　"类"是一种构造，通过使用该构造，可以将其他类型的变量、方法和事件组合在一起，从而创建自己的自定义类型。类就像一个蓝图，它定义类型的数据和行为。(微软 MSDN "C# 编程指南")

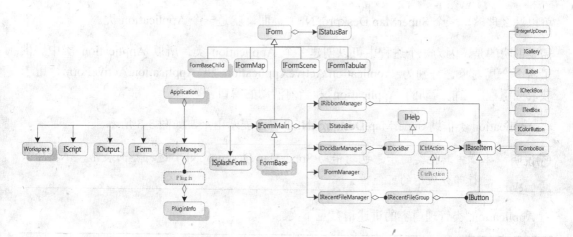

图 3-1　SuperMap Deskpro .NET 整体对象结构简图

在 SuperMap Deskpro .NET 对象结构中，应用程序类、插件类、窗体相关类和 Ribbon 控件类是 4 个主要的类。

对在插件开发中使用到的上述主要类型的详细介绍参见后文。

3.2 应用程序类

Application 类(应用程序类)是可创建类，在一个进程里面可以创建多个 Application 类实例，每个 Application 类实例可以独立工作，这样就可以实现在一个进程里面，存在多个 SuperMap Deskpro .NET 桌面同时启动的效果。正是基于这样的设计，基于 SuperMap Deskpro .NET 开发的应用程序可以作为后台程序，嵌入其他的系统里运行。因此基于 SuperMap Deskpro .NET 软件自行开发应用程序，第一步就是要构建一个 Application 类实例。

Application 类的结构图如图 3-2 所示。

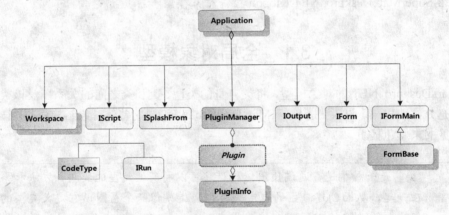

图 3-2　Application 类的结构图

可以这么理解，一个 SuperMap Deskpro .NET 桌面，就是一个 Application 类。

需要说明的是，因为一个进程中可以创建多个 Application 类，所以 Application 类中提供了两个全局对象，分别为 Application.ActiveApplication 和 Application.ActiveForm，用于获取应用程序当前活动的 Application 和当前活动的窗口。

将 Application 类借助 SuperMap Deskpro .NET 界面展示出来，如图 3-3 所示。

> ⊙说明　本章中其他类的示意也均借助 SuperMap Deskpro .NET 进行界面展示，不排除只进行部分展示的可能性。

对 Application 类管理内容的讲述请参见下文。

> ⊙说明　本章中所有类成员的属性、方法和事件的详细描述，建议参考 SuperMap Deskpro .NET 的联机帮助，本书不做详述。

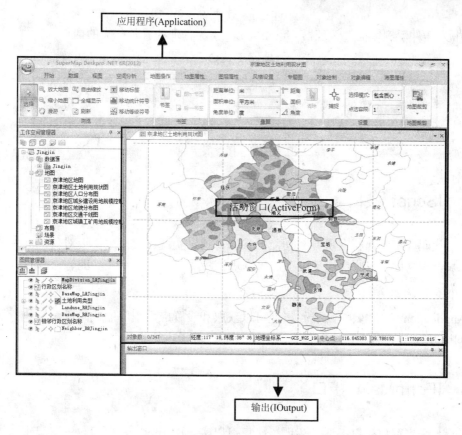

图 3-3　Application 类界面展示

3.2.1　Workspace 类

Workspace 类是 SuperMap Objects .NET 组件提供的工作空间类，即 SuperMap.Data.
Workspace 类。每个 Application 类对象包含一个 Workspace 类对象，可以通过
Application 类对象的 Workspace 属性获取和设置。如果用户想同时对多个工作空间进行
操作，可以采用创建多个 Application 的方式实现，避免同一个界面出现多个工作空间造
成使用的混乱。这样的设计，既保持了传统的操作模式，同时又能够很好地利用多个工作
空间。

3.2.2　PluginManager 类

PluginManager 类是应用程序的插件管理器类，该类用来管理应用程序中所有的插件，包
括插件的加载、初始化、卸载等工作。

应用程序的插件管理器可以通过 Application 类对象的 PluginManager 属性获取。每个
Application 类都包含一个且仅包含一个 PluginManager 类对象。

图 3-4 中为插件示例，插件管理器 PluginManager 类管理的就是此类的插件。

图 3-4　插件展示

3.2.3　IScript 接口

IScript 是代码段编译执行器所具有功能的接口，通过实现该接口来实现对代码文件或代码片段的编译和执行，在此功能基础上，可以进一步实现用户自定义功能、命令行、模型等功能。

通过 Application 类对象的 Script 属性可以获取和设置应用程序的代码段编译执行器。每个 Application 类都包含一个且仅包含一个代码段编译执行器。

3.2.4　IFormMain 接口

IFormMain 是主窗口接口，通过实现该接口可以实现应用程序主窗口。主窗口主要用来处理界面布局的工作，包括生成 Ribbon 控件、生成浮动窗口、管理各种子窗口等。

通过 Application 类对象的 MainForm 属性，可以获取应用程序的主窗口。每个 Application 类都包含一个且仅包含一个主窗口。

图 3-5 是 SuperMap Deskpro .NET 中主窗口的部分展示。

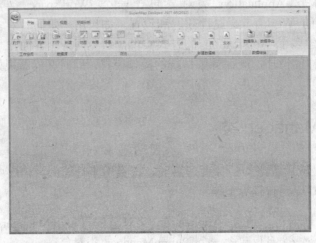

图 3-5　主窗口展示

3.2.5　ISplashForm 接口

ISplashForm 是启动界面所具有功能的接口，通过实现该接口可以实现应用程序的启动窗口。

启动界面主要用来处理启动时需要展示的信息，包括背景图片、相关信息、动态图片、进程条等。

通过 Application 类对象的 SplashForm 属性，可以获取应用程序的启动界面。每个 Application 类都包含一个且仅包含一个启动界面。例如，图 3-6 是 SuperMap Deskpro .NET 的启动界面，矩形框中是启动时相关信息的显示。

图 3-6　启动界面展示

3.2.6　IOutput 接口

IOutput 是信息输出接口，通过实现该接口可以实现信息输出和日志记录。

在系统运行过程中，如何把相关信息展现给用户是系统需要处理的一个非常重要的问题。对于信息的处理，有些信息除了需要输出给用户看，还可能需要作为日志存储下来备查，同时，用户也需要进行多种不同的控制。通过 IOutput 接口，可以把信息输出和日志有机结合起来。

实现该接口的类主要通过事件和相关方法来实现对信息输出和日志记录的功能，当需要进行信息输出时，就会触发 Outputing 事件，用户可以通过该事件来过滤输出信息的内容以及添加一些额外的信息，控制是输出信息还是日志或输出两者。

通过 Application 类对象的 Output 属性，可以获取应用程序的信息输出接口。每个 Application 类都包含一个且仅包含一个信息输出接口。默认实现的 Output 为一个浮动窗口，以文本的方式输出相关信息。

输出窗口的界面展示例子如图 3-3 所示。

3.3 插 件 类

SuperMap Deskpro .NET 中插件启动以及相关界面的处理都是以配置的模式进行管理，但是为了实现用户对配置信息的一些特殊处理，例如用户需要将配置文件存储到数据库或者需要对配置文件进行加密处理，这时就不能直接和文件绑定，而是需要以配置字符串来进行插件的相关操作。SuperMap Deskpro .NET 提供了插件类用以实现此种类型的相关操作。

插件相关对象类的结构图如图 3-7 所示。

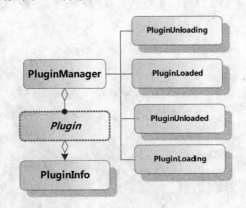

图 3-7 插件相关对象类的结构图

下面将对插件类管理的内容分别予以阐述。

3.3.1 PluginManager 类

每一个应用程序都包含一个插件管理器，即 PluginManager 类对象，它通过 Application 类对象的 PluginManager 属性获取。插件管理器主要负责应用程序所需要的插件的加载 (PluginManager.Load 方法)、插件的卸载(PluginManager.Unload 方法)以及应用程序中所有插件的管理。

3.3.2 Plugin 类

插件定义类，是一个虚基类，用户自定义的插件都必须从该类型继承，主要用来提供处理插件的初始化和退出等相关工作的接口。

3.3.3　PluginInfo 类

用于提供对插件信息以及界面配置信息的管理。PluginInfo 类提供了两个静态方法(PluginInfo.FromConfig 和 PluginInfo.ToConfig 方法)，可以通过一个插件配置信息字符串(XML 格式)构造一个 PluginInfo 类对象。有关插件配置信息字符串的构建，请参见第 4 章。

3.4　窗体相关类

窗体部分的对象模型主要提供的功能包括多文档的支持、多种类型窗口的支持、子窗口的管理、各个窗口如何对外提供功能、浮动窗口的支持和管理等。

在窗体设计上，SuperMap Deskpro .NET 提供一个统一的基础接口 IForm。

> **注意**　IForm 接口暂时没有任何成员，只是为了方便管理而建。今后如有需要，再添加相关成员。

窗体相关类的结构图如图 3-8 所示。

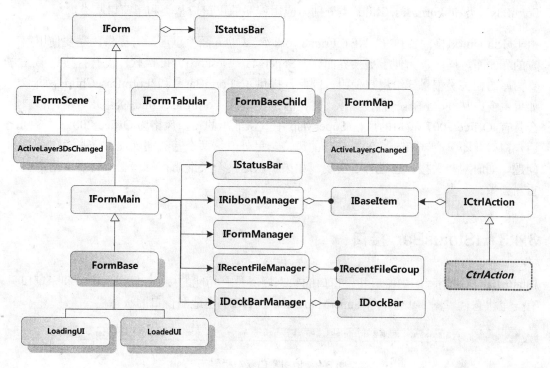

图 3-8　窗体相关类的结构图

窗体相关类的详情参见后文。

3.4.1　IFormMain 接口

IFormMain 是主窗口接口，该接口从 IForm 接口派生，主要用来处理界面布局的工作。每一个应用程序 (Application)都包含一个且仅包含一个主窗口。该接口定义了 4 个属性，分别用于管理浮动窗口、子窗口、最近文件列表和 Ribbon 控件。

● DockBarManager，通过该对象可以访问所有的浮动窗口对象，返回 IDockBar。

● FormManager，管理所有的子窗口，包括关闭、排列等操作，返回 IForm。

● RecentFile，最近文件管理器，提供对最近文件的相关操作。最近文件暂时只提供对文件名的操作。

● RibbonManager，管理 Ribbon 控件，提供对 Ribbon 控件的遍历操作，返回 IBaseItem。

对这 4 个属性的详细介绍参见后文。

3.4.2　FormBase 类和 FormBaseChild 类

FormBase 类和 FormBaseChild 类分别为应用程序的主窗口基类和子窗口基类。

由于 Ribbon 风格的窗口在 .NET Framework 默认的界面库里面没有提供，需要使用第三方的界面库，同时，为便于更换界面库，SuperMap Deskpro .NET 软件没有直接把第三方界面库的相关类型暴露给用户使用，因此，提供了 FormBase 和 FormBaseChild 两个类。如果主窗口从 FormBase 直接继承，其他的子窗口从 FormBaseChild 类继承，用户窗口就会具有 Office 2007 窗口的风格(SuperMap 中默认继承的窗口风格为 Office 2007)，否则，用户窗口就不具有 Office 2007 窗口的风格。另外，这两个基类还处理了一些窗口关系的问题，同时对相关接口也进行了实现。如果不从这两个类继承，有些工作就需要用户自己重新去做。

3.4.3　IStatusBar 接口

IStatusBar 是应用程序主窗口和子窗口的状态栏所具有功能的接口。每个主窗口和子窗口只有一个状态栏。图 3-9 显示了 SuperMap Deskpro .NET 中地图窗口的状态栏。

对象数: 0/347　　经度:115° 38′ 42.85″,纬度:41° 2′　地理坐标系－－GCS_WGS_1984　中心点: 116.845383 39.788192　1:1922299.267 ▾

图 3-9　地图窗口状态栏展示

3.4.4 IFormManager 接口

IFormManager 是子窗口管理器所具有功能的接口。子窗口管理器用于管理一个应用程序中的所有子窗口，并提供对子窗口的一些管理方法，如关闭、排列、激活等。每一个主窗口都包含一个且只能包含一个子窗口管理器。

图 3-10 是子窗口管理器在 SuperMap Deskpro .NET 中的展示。

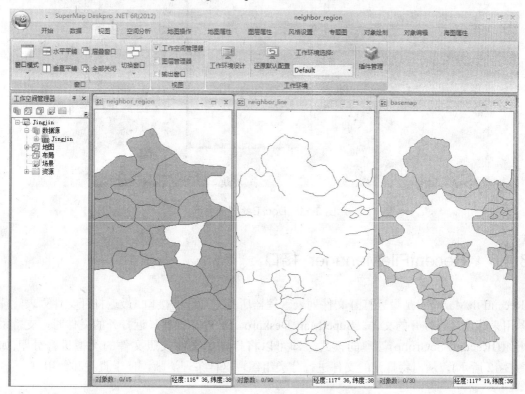

图 3-10 子窗口管理器界面展示

3.4.5 IDockBarManager 接口

IDockBarManager 是浮动窗口管理器接口。浮动窗口管理器用于管理一个应用程序中的所有浮动窗口(DockBar)。每一个主窗口都包含一个且只能包含一个浮动窗口管理器。

IDockBar 接口是用于定义浮动窗口(DockBar)所具有的功能的接口。通过该接口处理浮动窗口的停靠状态，还可以根据需要自己实现一个控件(Control)，然后，通过实现 IDockBar 接口将控件放到浮动窗口中。

在图 3-11 的矩形框中展示了 DockBar 的界面。

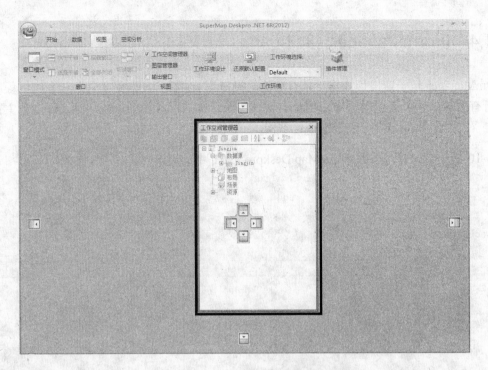

图 3-11　DockBar 界面展示

3.4.6　IRecentFileManager 接口

IRecentFileManager 是最近打开文件列表管理器所具有功能的接口。最近打开文件列表管理器用来管理最近打开的文件。SuperMap Deskpro .NET 在管理最近打开的文件时，支持采用组(IRecentFileGroup)管理的模式，即可以将打开的文件按照文件的类型进行分组(如图 3-12 所示)，从而将打开的文件进行分类组织，这样条理清晰，便于查找和使用。

图 3-12　最近打开文件列表

3.4.7　IRibbonManager 接口

IRibbonManager 是 Ribbon 控件管理器所具有功能的接口。每一个主窗口都包含一个且只能包含一个 Ribbon 控件管理器。

能在功能区(Ribbon)上显示的各类控件为 Ribbon 控件。图 3-13 是 SuperMap Deskpro .NET 桌面应用程序界面的部分截图。其中外围矩形框所示的部分即为功能区，功能区上的控件即为各类 Ribbon 控件，并且 Ribbon 控件只能放置在功能区上。

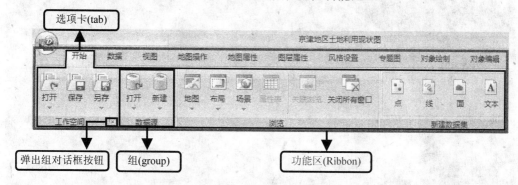

图 3-13　功能区(Ribbon)和各 Ribbon 控件

3.4.8　IFormMap 接口

IFormMap 是地图窗口所具有基本功能的接口。地图窗口中内嵌一个 MapControl 控件，便于操作窗口中的地图。图 3-14 为地图窗口示意图。

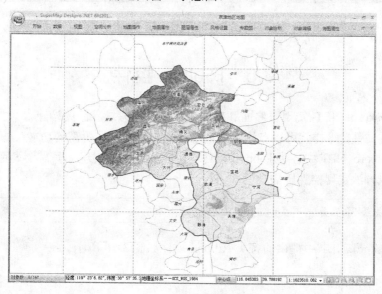

图 3-14　地图窗口

3.4.9　IFormScene 接口

IFormScene 是场景窗口所具有的基本功能的接口。与地图窗口类似，场景窗口中内嵌一个 SceneControl 控件，以便于操作三维场景。图 3-15 是场景窗口的示意图。

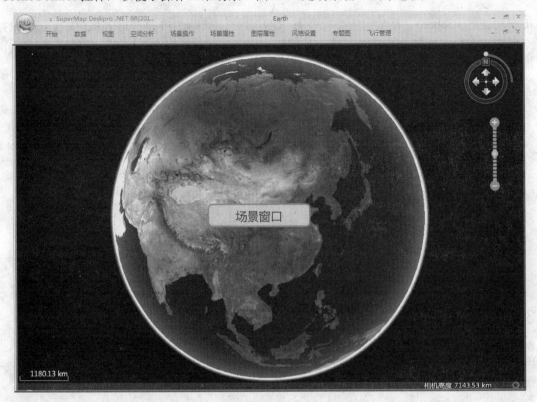

图 3-15　场景窗口

3.5　Ribbon 控件

SuperMap Deskpro .NET 实现了界面和功能的分离，即系统界面的构建，只需要按照规范编写界面配置文件，这样就可以专注于功能的开发，实现控件所需的功能。基于这种设计，SuperMap Deskpro .NET 中各类 Ribbon 控件均已由软件内部实现，只需要调用各类 Ribbon 控件的属性或方法实现控件所需功能即可。

注意　有关编写界面配置文档的内容参见第 4 章。

SuperMap Deskpro .NET 中提供的各类 Ribbon 控件如图 3-16 所示。

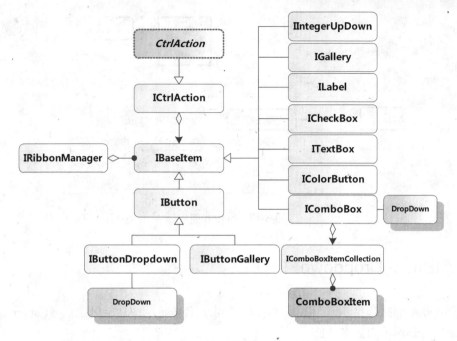

图 3-16　Ribbon 控件对象的结构图

后文将分别介绍各 Ribbon 控件。

3.5.1　IBaseItem 接口

IBaseItem 是在功能区上显示的 Ribbon 控件所具有的基本功能的接口。所有 Ribbon 控件接口都由该接口派生。

3.5.2　ICtrlAction 接口和 CtrlAction 类

对于 Ribbon 控件的功能实现，都必须从 CtrlAction 类继承或实现 ICtrlAction 接口，然后再指定与控件绑定的功能类。指定与控件绑定的功能类可以通过配置文件进行指定，也可以通过 IBaseItem.CtrlAction 属性指定。

3.5.3　IButton 接口

IButton 接口是显示在功能区上的 Ribbon 按钮所具有的基本功能的接口。图 3-17 显示了应用程序中的按钮(button)控件。按钮上的显示内容分为两个部分：按钮上的图片是按钮的显示图标，而按钮上的文字内容是按钮的显示名称。通过单击按钮实现 button 对应的具体功能。

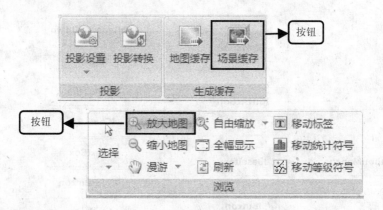

图 3-17　button 控件

3.5.4　IButtonDropdown 接口

IButtonDropdown 接口继承自 IButton 接口，用于定义显示在功能区上的 Ribbon 下拉按钮(buttonDropDown)的基本功能。

图 3-18 显示了 SuperMap Deskpro .NET 中的部分下拉按钮控件。下拉按钮分为两个部分：一是按钮部分，单击该部分可以直接执行相应的功能；二是下拉按钮部分，单击该部分将弹出下拉菜单，通过选择下拉菜单中的项来进一步实现相应的功能。下拉按钮的按钮部分显示下拉按钮的图标，下拉按钮的下拉按钮部分显示了它的显示名称。

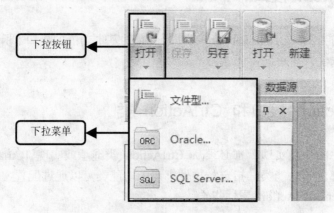

图 3-18　buttonDropDown 控件

3.5.5　IButtonGallery 接口

IButtonGallery 接口继承自 IButton 接口，用于定义可以显示在功能区上的 gallery 按钮所具有的基本功能。

buttonGallery 只能放置在功能区中名为 gallery 的容器控件中，如图 3-19 所示，buttonGallery

上的显示内容分为两个部分：控件上的图片为显示图标，而控件上的文字内容为控件的显示名称。通过单击 buttonGallery 控件实现与该控件绑定的功能。

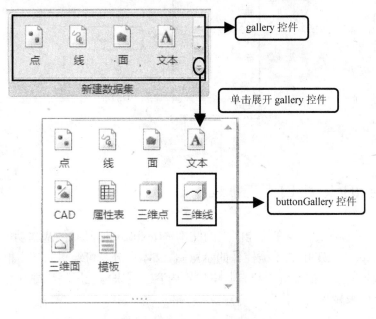

图 3-19　buttonGallery 控件

3.5.6　IComboBox 接口和 IComboBoxItemCollection 接口

IComboBox 接口用于定义可以显示在功能区上的组合框控件所具有的基本功能。组合框(comboBox)控件由一个文本框和一个下拉列表组成，下拉列表包含一系列子项，每个组合框控件都包含一个且仅包含一个下拉列表子项集合(IComboBoxItemCollection 接口)。

IComboBoxItemCollection 接口用于定义可以在功能区上显示的组合框控件所包含的子项集合所具有的基本功能。下拉列表子项集合(comboBoxItemCollection)提供了添加、删除组合框中的子项等管理功能。

图 3-20 显示了一个组合框控件。通常情况下，用户可以在文本框中输入内容，也可以在下拉列表中选择某项，应用程序会根据组合框的文本框中显示的内容来处理相应的操作。

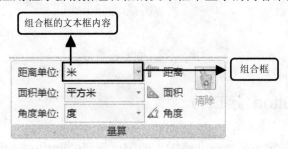

图 3-20　comboBox 和 comboBoxItemCollection 控件

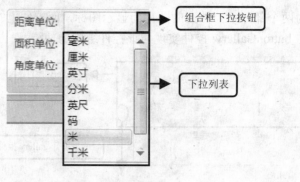

图 3-20 （续）

3.5.7 ITextBox 接口

ITextBox 接口用于定义显示在功能区上的文本框(textBox)所具有的基本功能。图 3-21 是 SuperMap Deskpro .NET 中文本框控件的示意图。文本框分为可编辑的文本框和不可编辑的文本框：可编辑的文本框允许用户在其中输入内容，用来与应用程序进行交互；不可编辑的文本框主要用来显示相关信息。

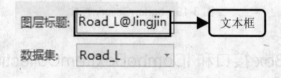

图 3-21 textBox 控件

3.5.8 ILabel 接口

ILabel 接口用于定义显示在功能区上的标签(label)控件所具有的基本功能。标签控件主要用来静态显示界面中的说明文字。label 控件示例参见图 3-22。

图 3-22 label 控件

3.5.9 IColorButton 接口

IColorButton 接口用于定义显示在功能区上的颜色按钮(colorButton)所具有的基本功能。图 3-23 为 colorButton 控件的示意图。

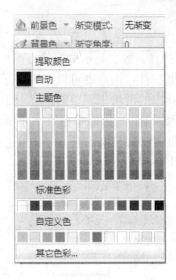

图 3-23　colorButton 控件

3.5.10　ICheckBox 接口

ICheckBox 接口用于定义显示在功能区上的复选框(checkBox)控件所具有的基本功能，示例参见图 3-24。

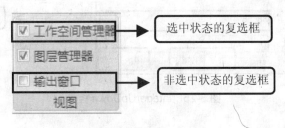

图 3-24　checkBox 控件

复选框控件上的文字内容为复选框控件的显示名称，用户通过复选框控件与应用程序进行交互，应用程序通过判断复选框是否被选中来处理相应的操作。

3.5.11　IGallery 接口

IGallery 接口用于定义功能区上的 gallery 容器控件所具有的功能。示例参见图 3-19，功能区上的 gallery 容器控件是 buttonGallery 控件的容器，buttonGallery 控件只能放置在 gallery 容器控件中。

3.5.12　IIntegerUpDown 接口

IIntegerUpDown 接口用于定义显示在功能区上的数字显示框(integerUpDown)控件所具有的

基本功能。

图 3-25 显示了一个数字显示框控件。数字显示框控件有两种显示风格：水平风格和垂直风格。对于水平风格的数字显示框控件，用户既可以在数字显示框中输入数值，也可以单击数字显示框右侧的箭头，使用弹出的滑块来调整数值；对于垂直风格的数字显示框控件，用户既可以在数字显示框中输入数值，也可以单击数字显示框中的微调按钮，来调整数值。用户通过调整和输入数字显示框中的数值实现与程序的交互操作，当数字显示框中的数值发生变化后，将执行相应的操作。

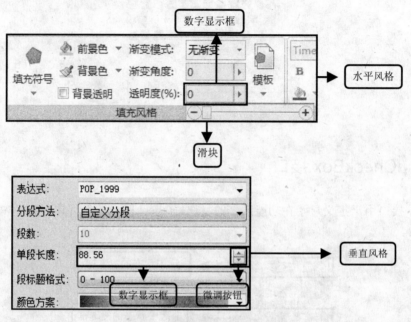

图 3-25　integerUpDown 控件

3.6　本 章 小 结

本章重点讲述了 SuperMap Deskpro .NET 中的对象模型，对应用程序类(Application)、插件类、窗体相关类、Ribbon 控件类 4 个主要类进行了介绍，并对这 4 个类管理的内容进行了详细介绍。理解本章中主要介绍的类和接口，将有助于使用 SuperMap Deskpro .NET 快速地进行插件二次开发。SuperMap Deskpro .NET 还提供了其他的类和接口方法，您可以查阅联机帮助以了解更详细的内容以及本章没有介绍的内容。

第 4 章将介绍如何编写 SuperMap Deskpro .NET 中的配置文件。

第 4 章　配　置　文　件

SuperMap Deskpro .NET 对界面的操作采用编写配置文件的方式，同时结合现在比较流行的 Ribbon 界面风格。这样，用户可以不必把精力放在如何构建界面上，而是放在如何实现业务功能上，通过编写配置文件的方式构建出一套完整的、适合用户需要的界面，然后只需要把相关功能和每个元素进行绑定。

本章将详细介绍配置文件中各项的含义以及如何编写插件的配置文件。

本章主要内容：

- 介绍 SuperMap Deskpro .NET 工作环境的配置

- 介绍 SuperMap Deskpro .NET 插件的配置

- 介绍 SuperMap Deskpro .NET 界面元素的配置

- 了解 SuperMap Deskpro .NET 其他全局配置

 本章示例使用的配置文件位于配套光盘\示范程序\第 4 章_配置文件文件夹中。

注意　强烈建议在学习本章之前，先对 SuperMap Deskpro .NET 安装目录下的 Configuration 和 WorkEnvironment 文件夹进行备份。避免在学习过程中对这两个文件夹中的配置文件的不当修改造成主程序无法正常启动。

4.1　配置文件概述

SuperMap Deskpro .NET 是一款插件式结构、配置式程序的软件，因此该软件的启动过程、界面设计、插件布局等都是通过配置文件来管理的。SuperMap Deskpro .NET 的配置文件主要分为两种类型：全局配置文件和插件配置文件。

4.1.1　全局配置文件

全局配置文件主要负责 SuperMap Deskpro .NET 的启动界面设置、主程序标题和图标设置、最近打开文件列表设置、桌面选项设置、日志输出设置以及帮助系统设置，如图 4-1 所示。

(a) 设置启动界面

(b) 设置主程序标题和图标

(c) 设置最近打开文件列表

(d) 设置桌面选项

(e) 设置日志输出

(f)设置联机帮助相关项

图 4-1　全局配置文件管理内容

全局配置文件以.xml 为扩展名，默认存放在 SuperMap Deskpro .NET 安装目录\Configuration 文件夹内。在 Configuration 文件夹中默认存放两个全局配置文件：SuperMap.Desktop. RecentFile.xml 和 SuperMap.Desktop.Startup.xml。

- SuperMap.Desktop.RecentFile.xml：用于存储最近打开的工作空间和数据源的基本信息，如工作空间路径，该工作空间在最近打开文件列表中显示的标签名称等。

- SuperMap.Desktop.Startup.xml：用于管理 SuperMap Deskpro .NET 基本配置项的配置信息，主要包括如下内容。

  ◆ 启动时，是否显示启动画面。

  ◆ 工作空间关闭时，是否提示保存。

◆　是否显示工具提示。

◆　窗口的全局选项控制。

◆　有输出提示时，是否自动弹出输出窗口。

◆　新建场景时，是否自动加载框架数据。

◆　新建场景的默认相机位置。

◆　启动 SuperMap Desktop .NET 时，默认加载的工作环境。

◆　主程序的标题及图标。

◆　默认投影配置文件的路径。

◆　是否自动生成日志，日志的默认输出路径以及输出信息的级别设置。

◆　帮助文档的加载设置。

◆　字体设置。

◆　编辑回退设置。

◆　是否即时刷新专题图，专题图数值框精度(小数点位数)的设置等。

◆　SQL 查询相关配置，包括默认查询的数据集、查询字段、查询条件和分组字段。

◆　地图窗口显示的几何对象应该具有的最大可见节点数目。

有关全局配置文件的详细介绍请参见 4.5 节。

4.1.2　插件配置文件

SuperMap Deskpro .NET 是由各种插件通过配置文件的管理构建的，其中插件 dll 文件及其资源文件和帮助文件需要存放在 SuperMap Deskpro .NET 安装目录\Bin\Plugins 下面的一个子文件夹中。用户每开发一个插件，都要为该插件配置一个相应的配置文件，主要用于描述插件信息、插件在界面中的布局及相关帮助系统的位置等信息。SuperMap Deskpro .NET 插件配置文件都是以.config 为扩展名，以标准的 XML 格式编写并存储在 SuperMap Deskpro .NET 安装目录\WorkEnvironment 下面的一个子文件夹中。

SuperMap Deskpro .NET 软件内置了丰富的插件及其配置文件。例如，用于实现地图相关功能的插件 SuperMap.Desktop.MapView.dll ，存储于 SuperMap Deskpro .NET 安装目录\Bin\Plugins\MapView 文件夹中。该插件的配置文件 SuperMap.Desktop.MapView.config 存储在 SuperMap Deskpro .NET 安装目录\WorkEnvironment\Default 中。打开 SuperMap.Desktop.MapView.config 配置文件，可以看出，配置文件定义了在 SuperMap

Deskpro .NET 主界面中添加哪些选项卡、按钮、下拉列表，这些界面元素分别与插件的哪些方法、事件或者属性关联。有关插件配置文件的详细内容请参见 4.3 节和 4.4 节。

4.2 工作环境配置

在 SuperMap Deskpro .NET 中，能够满足用户功能和界面需求的插件配置文件被统一存放在文件夹中。当用户使用时，只需根据该文件夹中的所有配置文件加载相应的插件，获得为用户量身定做的应用程序。这样的一套配置文件称为一个工作环境。

SuperMap Deskpro .NET 安装目录\WorkEnvironment 文件夹下的每一个子文件夹就是一个工作环境，每一个工作环境包括多个插件配置文件。当用户新开发一个插件或扩展一些插件时，需要把相关的配置文件放到对应的工作环境中。

SuperMap Deskpro .NET 提供了一个默认工作环境(SuperMap Deskpro .NET 安装目录\WorkEnvironment\Default)，该工作环境中存储了 SuperMap Deskpro .NET 提供的所有插件的配置文件，即 SuperMap Deskpro .NET 默认工作环境会根据配置文件加载所有的插件。图 4-2 所示为系统默认的工作环境(Default)以及所包含的默认插件配置文件，它们存放在 WorkEnvironment\Default 文件夹中。

图 4-2   系统默认工作环境

SuperMap Deskpro .NET 启动时使用哪个工作环境是通过全局配置文件 SuperMap.Desktop.Startup.xml 中的<workEnvironment>...</workEnvironment>标签指定，如下所示。

```
<!--启动 SuperMap Desktop .NET 时，默认加载的工作环境-->
<workEnvironment default="Default"></workEnvironment>
<!-- workEnvironment 标签的 default 属性值为 WorkEnvironment 文件夹中子文件夹的名称。-->
```

当 SuperMap Deskpro .NET 的工作环境设置为 Default 时，SuperMap Deskpro .NET 会读取 WorkEnvironment\Default 目录中的每一个配置文件，依次加载相应的插件，并根据配置文件的设置对主界面进行呈现。示例参见图 4-3。

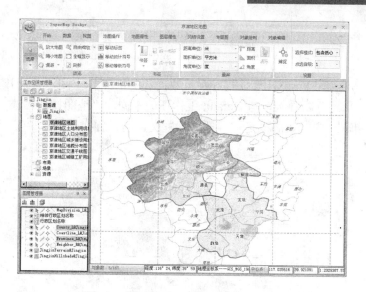

图 4-3　系统默认工作环境下的主界面

SuperMap Deskpro .NET 的工作环境是可以自定义的。自定义工作环境时，先将插件存储在 SuperMap Deskpro .NET 安装目录\Bin\Plugins 中，同时在 WorkEnvironment 文件夹中创建一个新的子文件夹，将对应的插件配置文件存储在该文件夹中。最后修改全局配置文件 SuperMap.Desktop.Startup.xml 中工作环境 workEnvironment 标签的属性。

示例　自定义一个工作环境，使得 SuperMap Deskpro .NET 主界面仅提供地图浏览和数据浏览的功能。

示例要求的功能使用 SuperMap Deskpro .NET 默认插件就可以实现，只需要通过插件配置文件对主界面的功能布局进行调整即可。具体操作如下。

(1)　将本书配套光盘\示范程序\第 4 章_配置文件\MyWorkEnvironment 文件夹复制到 SuperMap Deskpro .NET 安装目录\WorkEnvironment 文件夹中，如图 4-4 所示。

由于 MyWorkEnvironment 文件夹中提供的配置文件是对 SuperMap Deskpro .NET 提供的内置插件 SuperMap.Desktop.DataEditor.dll、SuperMap.Desktop.DataView.dll、SuperMap.Desktop.MapView.dll 以及 SuperMap.Desktop.Frame.dll 的配置信息，因此忽略复制插件到 SuperMap Deskpro .NET 安装目录\Bin\Plugins 的步骤。

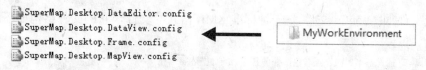

图 4-4　用户自定义工作环境

(2)　修改全局配置文件 SuperMap.Desktop.Startup.xml 的工作环境 workEnvironment 标签的属性值。

打开 SuperMap Deskpro .NET 安装目录\Configuration\SuperMap.Desktop.Startup.xml 文件，修改<workEnvironment>...</workEnvironment>标签，如下所示。

```
<!--启动 SuperMap Desktop .NET 时，默认加载的工作环境-->
<workEnvironment default="MyWorkEnvironment"></workEnvironment>
```

(3) 启动 SuperMap Deskpro .NET，打开示范数据 jingjin 工作空间，并打开其中一幅地图，如图 4-5 所示。可以看到，与 Default 工作环境不同，"地图操作"选项卡中仅有浏览功能的按钮，这样的布局都是依赖插件配置文件的设置实现的。

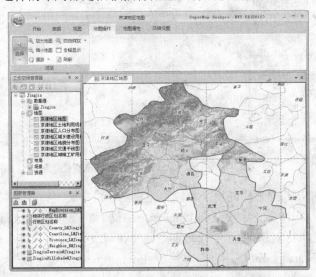

图 4-5　自定义工作环境

注意　本章 4.4 节和 4.5 节将会详细介绍配置文件中每一个配置项的含义，并相应提供一些示例。4.4 节和 4.5 节的示例都是对本节示例创建的 MyWorkEnvironment 工作环境中的配置文件进行修改。

4.3　插件配置

通常情况下，开发的插件需要配置一些信息才能使用，配置的内容包括插件名称、作者、描述信息等，更重要的是应用程序如何能够调用到此插件并响应其对应的功能。以上内容都可以在此插件对应的插件配置文件中进行管理，配置以上内容的过程称为插件配置。

插件配置文件(即*.config 文件)是一种标准 XML 格式的文件，它的文件结构如下。

```
<?xml version="1.0" encoding="utf-8"?>
<plugin> <!--插件基本属性设置，包括插件名称，插件描述等  -->
    <runtime /> <!--插件运行库的信息  -->
    <toolbox>
        <ribbon>
            <tabs>
                <tab></tab>
            </tabs>
        </ribbon>
```

功能区界面元素配置项
即插件在主界面的功能区中
如何布局

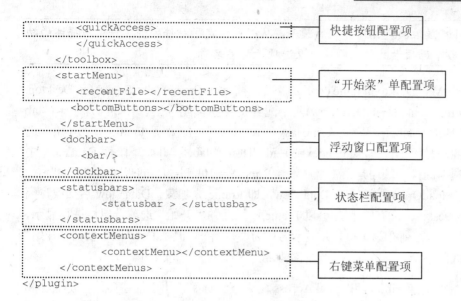

```
            <quickAccess>                          ┤ 快捷按钮配置项
            </quickAccess>
        </toolbox>
    <startMenu>                                     ┤ "开始菜"单配置项
        <recentFile></recentFile>
        <bottomButtons></bottomButtons>
    </startMenu>
    <dockbar>                                       ┤ 浮动窗口配置项
        <bar/>
    </dockbar>
    <statusbars>                                    ┤ 状态栏配置项
            <statusbar > </statusbar>
    </statusbars>
    <contextMenus>
            <contextMenu></contextMenu>
    </contextMenus>                                 ┤ 右键菜单配置项
</plugin>
```

- <?xml version="1.0" encoding="utf-8"?>是 XML 文件的文件头，用于说明版本信息和字符编码方式。

- Plugin 是插件配置文件的根标签，用于描述插件基本属性设置，包括插件名称、插件描述等。

  Plugin 标签的属性包括如下内容。

  ◆ Xmlns：插件配置文件命名空间，值必须为 http://www.supermap.com.cn/desktop。

  ◆ Name：插件名称。该名称需要与插件所在文件夹的名称(即 SuperMap Deskpro .NET 安装目录\Bin\Plugins*插件文件夹*)保持一致，方便利用插件管理进行配置。

  ◆ Author：插件开发者的相关信息。

  ◆ url：插件开发者可提供一个 URL，供使用者访问或了解相关信息。

  ◆ description：插件的描述信息。

- runtime 标签用于描述插件程序集信息。该标签是插件配置的重点内容，属性值必须正确配置，否则将无法正确加载所需插件。该标签的属性包括如下内容。

  ◆ assemblyName：实现插件的程序集文件的名称，即动态库的名称。它可以是相对于可执行程序的相对路径，也可以是绝对路径。该属性的值必须正确设置，以保证功能的正确实现。

  ◆ className：实现插件的类的名称，必须是全名，即需要指定其命名空间，该类必须从 Plugin 类继承。

  ◆ loadOrder：插件的加载顺序。使用整数来标识插件的加载顺序，该值越小，插件越先加载。当插件配置文件中的 loadOrder 属性小于零时，插件将不会被加载。

> 📝**提示** loadOrder 属性决定插件加载的顺序，从而也决定了插件配置文件中所描述的功能区中各个选项卡的排列顺序以及选项卡标签名称。

例如，SuperMap.Desktop.Frame.config(下面简称 Frame)和 SuperMap.Desktop.DataView.config (下面简称 DataView)两个配置文件中都配置了"开始"选项卡(<tab index="" id="Home" label="开始" formClass="" visible="">)，但是 Frame 中"开始"选项卡的排列顺序是第 1 位(即<tab index="0" id="Home" label="开始">)，而 DataView 中"开始"选项卡的排列顺序是第 11 位(即<tab index="10" id="Home" label="开始">)。由于 Frame 中 loadOrder 的值小于 DataView，即 Frame 先加载，DataView 后加载，因此 SuperMap Deskpro .NET 主程序会以 Frame 中描述的"开始"选项卡属性进行显示，即"开始"选项卡排列在第 1 位，并显示名称为"开始"。但是 DataView 要向"开始"选项卡中加载的各个按钮等配置项会依次加载到"开始"选项卡中。

- toolbox 标签主要包括 ribbon 和 quickAccess 两个下级标签，用于描述插件在功能区和快捷按钮栏上的布局。

  ◆ ribbon 标签是功能区上界面元素配置项，用于描述插件在功能区中如何布局，如图 4-6 所示。

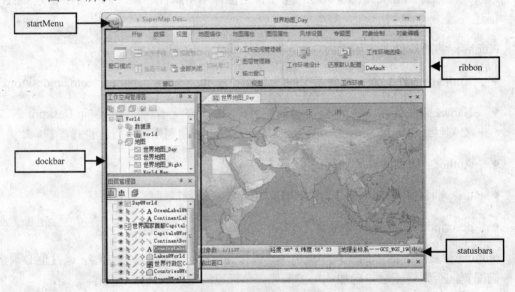

图 4-6　插件配置文件配置项对应主界面的内容

  ◆ quickAccess 标签用于设置快捷按钮的相关信息。

  ◆ startMenu 标签用于设置"开始"菜单中菜单项的布局，如图 4-6 所示。

  ◆ dockbar 标签用于设置浮动窗口的配置信息，如图 4-6 所示。

  ◆ statusbars 标签用于设置状态栏中显示的信息，如图 4-6 所示。

  ◆ contextMenus 标签用于设置右键菜单中菜单项的布局。

有关插件配置文件中主要标签的使用将在 4.4 节中详细介绍。

4.4　界面元素配置

插件的界面配置主要分为功能区(ribbon)配置、状态栏(statusBar)配置、"开始"菜单(startMenu)配置、快捷按钮栏(quickAccess)配置、右键菜单(contextMenu)配置、分隔条控件(separator) 配置和浮动窗口(dockBar)配置。这七类界面配置内容必须放置在插件配置文件中的<plugin>...</plugin>标签内，并且 ribbon 和 quickAccess 配置项放置在 toolbox 标签中，statusBar、startMenu、contextMenu 和 dockBar 配置项与 toolbox 标签并列。

> 📝提示　在对配置文件进行操作时，需要保证 SuperMap Deskpro .NET 主程序已经关闭，
> 否则可能导致对配置文件的修改无效。

4.4.1　功能区

功能区(Ribbon)上所承载的各类控件称为 Ribbon 控件，Ribbon 控件只能放置在 Ribbon 风格界面所提供的功能区上。

功能区的配置主要包括选项卡(tab)配置和组(group)配置等以及功能区上的各种 Ribbon 控件的配置，如图 4-7 所示。

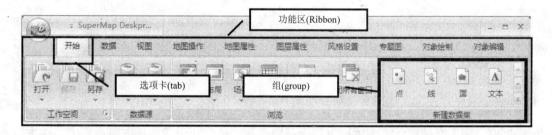

图 4-7　功能区

选项卡、组以及 Ribbon 控件界面元素的配置，其实质是向配置文件中添加相应界面元素的标签，并对标签的属性进行设置。SuperMap Deskpro .NET 为每一个界面元素提供了一个特定的标签元素，配置界面元素即配置标签元素。

在配置文件中，功能区对应<ribbon>...</ribbon>标签。绑定一定功能和命令的 Ribbon 控件必须通过组(group)放置在选项卡中。

下文将介绍如何配置各种界面元素及对应标签的内容。

> 🌐说明　下文中介绍的各个界面元素标签的内容，均摘自 SuperMap Deskpro .NET 默认插
> 件配置文件。

1. 选项卡

在功能区的组织结构中，选项卡(tab)可以视为功能和命令的第一级组织。一个选项卡中的功能基本围绕一个应用主题或者针对某类对象，功能区里可以包含多个选项卡。图 4-8 所示为"开始"选项卡。

图 4-8 "开始"选项卡

在配置文件中，每一个选项卡对应一个<tab>...</tab>标签，在进行功能区界面配置时，所有功能区的配置内容必须放在如下结构里，其中<tabs>...</tabs>标签表示所有 tab 的一个集合，即该标签中可以包含多个<tab>...</tab>标签。

```
<toolbox>
  <ribbon>
    <tabs>
      <!--选项卡-->
        <tab index="" id="" label="" formClass="" visible="">
          <group index="" id="" label="" layoutStyle="" visible="">
          </group>
        </tab>
    </tabs>
  </ribbon>
</toolbox>
```

<tab>...</tab>标签各个属性的含义与作用如下。

- index：用于对功能区上的选项卡排序，即当功能区存在多个选项卡时，每个选项卡将通过该项的值来确定其在功能区的排列次序。

- id：用于合并多个不同配置文件里的选项卡项。

- label：选项卡的显示名称。

- formclass：指定该选项卡所绑定的窗体，默认与主窗口绑定。例如，布局中"对象绘制"的选项卡应该和布局窗体绑定，formClass 须为"SuperMap.Desktop._FormLayout"。

- visible：指定该选项卡是否可见。true 表示可见，false 为不可见。

示例 在 4.2 节创建的 MyWorkEnvironment 工作环境中为 DataView 插件创建一个"文件"选项卡。

在 SuperMap Deskpro .NET 安装目录\WorkEnvironment\MyWorkEnvironment 中打开 SuperMap.Desktop.DataView.config 文件，在<tabs>中添加"文件"选项卡，代码如下。

```xml
<?xml version="1.0" encoding="utf-8"?>
<plugin xmlns="http://www.supermap.com.cn/desktop" name="DataView" author="SuperMap"
url="www.supermap.com.cn" description="DataView Plugin" helpLocalRoot="..\Help\WebHelp\"
helpOnlineRoot="http://support.supermap.com.cn/onlinedoc/deskpronet/">
 <runtime assemblyName="./Plugins/DataView/SuperMap.Desktop.DataView.dll"
className="SuperMap.Desktop._PluginDataView" loadOrder="1001" enabled="True" />
<toolbox>
  <ribbon>
   <tabs>
    <!--文件-->
    <tab index="2" id="DataFile" label="文件" formClass="" visible="">
    </tab>
     <!--开始-->
     <tab index="0" id="Home" label="开始" formClass="" visible="">
```

启动 SuperMap Deskpro .NET，可以看到主界面上新增了"文件"选项卡，如图 4-9 所示。由于该选项卡的 index 值为 2，因此排列顺序是位于"开始"和"数据"选项卡之后。

图 4-9　添加"文件"选项卡

📖注意　a. 当多个配置文件都设置了相同 id 的选项卡，SuperMap Deskpro .NET 主程序会将所有配置文件配置的该选项卡包含的内容合并到一个选项卡中。例如，在 SuperMap.Desktop.Frame.config 的"开始"选项卡中配置了"浏览"组，SuperMap.Desktop.DataView.config 的"开始"选项卡配置了"工作空间"组。当两个配置文件同在一个工作环境中，SuperMap Deskpro .NET 主程序会显示一个"开始"选项卡，该选项卡中既包含"浏览"组，也包含"工作空间"组，如图 4-10 所示。

图 4-10　相同 id 的选项卡合并

b. 多个配置文件都设置了相同 id 的选项卡，但是选项卡的属性值不同，SuperMap Deskpro .NET 主程序会根据最先加载的配置文件信息进行显示。例如，SuperMap.Desktop.Frame.config 也添加 id 为 DataFile 的选项卡，(<tab index="0" id="DataFile" label="文件" formClass="" visible="">)，该选项卡的排序属性 index 值为 0，前面示例中 SuperMap.Desktop.DataView.config 配置了 id 为 DataFile，index 为 2 的选项卡。当两个配置文件同在一个工作环境中，SuperMap Deskpro .NET 主程序将根据首先加载的配置文件信息显示选项卡。由于 Frame 配置文件的 loadOrder 值小于 DataView，因此主程序先加载 Frame 的信息，可以看到主程序界面显示 id 为 DataFile 的选项卡名称为"文件"，并且选项卡位于第 1 个选项卡的位置，如图 4-11 所示。

图 4-11　根据 Frame 显示的选项卡

2. 组

组(group)是选项卡中各种 Ribbon 控件的一种分组组织形式，这样对控件进行分类摆放，使界面更具条理性，方便功能的查找和使用。

图 4-12 中矩形框所示为当前选中的"开始"选项卡中的"工作空间"组，其中组织了与工作空间操作功能相关的控件。

图 4-12　选项卡中的"工作空间"组

在配置文件中，每一个组对应一个<group>...</group>标签，<group>...</group>标签不能嵌套，即<group>...</group>标签里面只能是控件标签或<box>...</box>标签，不能再包含<group>...</group>标签。

<tab>...</tab>标签中可以配置多个<group>...</group>标签，即一个选项卡中可以包含多个组。

<group>...</group>标签的结构如下：

```
<!--组-->
  <group index="" id="" label="" image="" visible="">
    <button index="" label="" visible="" checkState=""
          assemblyName="" onAction="" image="" size="" style=""
          screenTip="" shortcutKey="" helpURL="" />
  </group>
```

<group>...</group>标签的各个属性的含义与作用如下。

- index：用于对组进行排序，即当同一层次上存在多个组时，每个组将通过该属性的值来确定其排列次序。

- id：组支持多个不同配置文件里的项进行合并显示，合并的依据就是 id。

- label：用于设置组的显示名称。

- image：用于设置缩小后变为下拉按钮的组对应的按钮上的显示图片的路径，可以是相对于可执行程序的相对路径，也可以是绝对路径。

- visible：用于设置组是否可见。true 表示可见，false 为不可见。

当应用程序的主窗口缩小时，功能区上的组可能出现显示不全的情况。此时，该组将变为一个下拉按钮，通过单击该下拉按钮可以弹出该组的所有内容，如图 4-13 和图 4-14 所示。

图 4-13　完整显示状态

图 4-14　缩小显示状态

<dialogBoxLauncher>标签表示组可以弹出对话框。当<group>...</group>标签中包含<dialogBoxLauncher>标签时，界面上相应的组的右下角将显示如图 4-14 中圆形框所示的小按钮(称为弹出组对话框按钮)，单击它就可以弹出对话框。

- visible：用于设置弹出组对话框按钮是否可见。true 表示可见，false 为不可见。

- onAction：指定用于响应弹出组对话框按钮的单击事件所执行的内容。

- assemblyName：与弹出组对话框按钮绑定的继承 CtrlAction 类或者实现了 ICtrlAction 接口的类。

- screenTip：用于设置鼠标停留在弹出组对话框按钮上时所显示的提示信息，支持 SuperTip 模式，即 Microsoft Office 2007 缩略图式的提示风格。

示例 1 自定义组。在前文示例基础上，为 DataView 配置文件中"文件"选项卡添加两个自定义组，分别为"工作空间"组和"查询"组。

在 SuperMap Deskpro .NET 安装目录\WorkEnvironment\MyWorkEnvironment 中打开 SuperMap.Desktop.DataView.config 文件，在"文件"选项卡标签中添加两个组，代码如下(如粗体所示)。

```
<tab index="2" id="DataFile" label="文件" formClass="" visible="">
    <group index="1" id="Workspace" label="工作空间" image="../Resources/Group/Icon/Start/
        Datasource.png" layoutStyle="" visible="">
        <button index="" label="保存" visible="" checkState=""
                assemblyName="./Plugins/DataView/SuperMap.Desktop.DataView.dll"
                onAction="SuperMap.Desktop._CtrlActionWorkspaceSave"
                image="../Resources/DataView/Icon/Home/Workspace/Save.png" size="large"
                style="" screenTip="保存当前工作空间。" shortcutKey="[Ctrl]+[S]"
                helpURL="Features/DataProcessing/DataManagement/SaveWorkspace.htm" />
    </group>
    <group index="5" id="Query" label="查询" image="" layoutStyle="" visible="">
        <button index="0" label="SQL 查询" visible="" checkState=""
                assemblyName="./Plugins/DataView/SuperMap.Desktop.DataView.dll"
                onAction="SuperMap.Desktop._CtrlActionSQLQuery"
                image="..\Resources\DataView\Icon\Dataset\Query\SQLQuery.png" size="large"
                showLabel="" showImage="" screenTip="弹出 SQL 查询对话框，设置 SQL 查询的必
                要信息，实现 SQL 查询" shortcutKey=""
                helpURL="Features/Query/SQLQueryDia.htm" />
    </group>
</tab>
```

启动 SuperMap Deskpro .NET，可以看到主界面上"文件"选项卡中添加了两个组，分别是"工作空间"组和"查询"组，如图 4-15 所示。

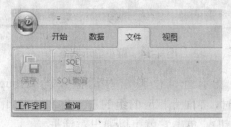

图 4-15 添加自定义组

示例 2 合并组。在示例 1 基础上，将"文件"选项卡中的"工作空间"组和"查询"组进行合并，组的名称设置为"数据操作"。

首先将"文件"选项卡中两个组的 id 均修改为 Workspace，以达到合并组的目的。将 label 值修改为"数据操作"，其他标签内容不做修改。配置文件中的内容如下：

```
<tab index="2" id="DataFile" label="文件" formClass="" visible="">
    <group index="1" id="Workspace " label="数据操作" image="../Resources/Group/Icon/Start/
        Datasource.png" layoutStyle="" visible="">
        <button index="" label="保存" visible="" checkState=""
                assemblyName="./Plugins/DataView/SuperMap.Desktop.DataView.dll"
                onAction="SuperMap.Desktop._CtrlActionWorkspaceSave"
                image="../Resources/DataView/Icon/Home/Workspace/Save.png" size="large"
                style="" screenTip="保存当前工作空间。" shortcutKey="[Ctrl]+[S]"
                helpURL="Features/DataProcessing/DataManagement/SaveWorkspace.htm" />
    </group>
    <group index="5" id="Workspace" label="数据操作" image="" layoutStyle="" visible="">
        <button index="0" label="SQL 查询" visible="" checkState=""
                assemblyName="./Plugins/DataView/SuperMap.Desktop.DataView.dll"
                onAction="SuperMap.Desktop._CtrlActionSQLQuery"
                image="..\Resources\DataView\Icon\Dataset\Query\SQLQuery.png"
                size="large" showLabel="" showImage="" screenTip="弹出 SQL 查询对话框，设置
                SQL 查询的必要信息，实现 SQL 查询"
                shortcutKey="" helpURL="Features/Query\SQLQueryDia.htm" />
    </group>
</tab>
```

合并组后的效果如图 4-16 矩形框内所示。

图 4-16　用户自定义"文件"选项卡中的组

3. 标签

标签(label)控件主要用来静态显示界面中的说明文字。在配置文件中，每一个 label 控件对应一个<label>...</label>标签。向界面中添加 label 控件，需要添加<label>...</label>标签，并对标签的属性进行相应的设置。欲添加多个 label 控件，需要添加多个<label>...</label>标签。

<label>...</label>标签的结构如下：

```
<!--标签-->
<label index="" label="" visible="" screenTip="" screenTipImage="" />
```

<label>...</label>标签各个属性的含义与作用如下。

- index：用于对 label 控件进行排序，即当同一层次上存在多个 label 控件时，每个 label 控件将通过该属性的值来确定其排列次序。

- label：用于设置控件中显示的内容。

- visible：用于设置控件是否可见、true 表示可见，false 为不可见。

- screenTip：用于设置鼠标停留在 label 控件上时所显示的提示信息，支持 SuperTip 模式，即 Microsoft Office 2007 缩略图式的提示风格。

- screenTipImage：用于设置鼠标停留在控件上时将显示的提示信息。该属性允许在提示信息中插入图片以辅助信息说明，该属性的值为图片的绝对路径或者相对路径。

示例　自定义标签。在 SuperMap Deskpro .NET 中，"地图属性"选项卡的"地图名称"标签默认是没有提示信息的。本例将在此 label 中，指定 screenTip 值为"显示当前地图窗口中地图名称"，并指定图片的路径。

此修改在 SuperMap.Desktop.MapView.config 配置文件中进行，具体配置内容如下：

```
<!--地图属性-->
<tab index="101" id="MapProperty" label="地图属性" formClass="SuperMap.Desktop._FormMap"
visible="">
  <group index="" id="Browse" label="浏览" image="../Resources/Group/Icon/MapProperty/
      Browse.PNG" layoutStyle="" visible="">
    <box index="0" id="Label" layoutStyle="" visible="">
      <box index="0" id="Label" layoutStyle="vertical" visible="">
        <label index="" label="地图名称:" visible="" screenTip="显示当前地图窗口中地图名称"
                screenTipImage="../Resources/Group/Icon/MapProperty/Browse.PNG" />
      </box>
      <box index="1" id="tcc" layoutStyle="vertical" visible="">
      <textBox index="" label="" visible="" readOnly=""
            assemblyName="./Plugins/MapView/SuperMap.Desktop.MapView.dll"
            width="100"onAction="SuperMap.Desktop._CtrlActionMapName"
            screenTip="显示和修改当前地图窗口中的地图的名称。"
            helpURL="Features\Visualization\VisualSetting\MapName.htm" />
      </box>
    </box>
  </group>
</tab>
```

启动 SuperMap Deskpro .NET，打开一个工作空间，打开一幅地图，此时出现"地图属性"选项卡，鼠标移动到"地图名称"标签上方，可以看到 screenTip 和 screenTipImage 的效果，如图 4-17 矩形框内所示。

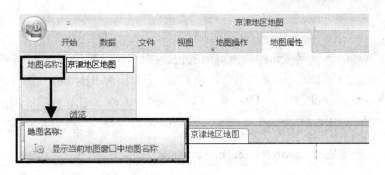

图 4-17　自定义标签

4. 按钮

在配置文件中，每一个按钮(button)控件对应一个<button>...</button>标签。向界面中添加按钮控件，只需添加<button>...</button>标签，并对标签的属性进行相应的设置。要添加多个按钮控件，就相应地添加多个<button>...</button>标签。图 4-18 所示为两种不同风格的按钮。

图 4-18　按钮

<button>...</button>标签的结构如下：

```
<!--按钮-->
<button index="" label="" visible="" checkState="" assemblyName=""
  onAction="" image=" " size="large" style="" description="" screenTip=""
  screenTipImage="" shortcutKey="" helpURL="" />
```

- checkState：用于设置默认按钮控件的状态。true 表示被选中，false 表示非选中。

- onAction：通过该属性可以指定用于响应按钮控件的单击事件所执行的内容。

- assemblyName：与按钮控件绑定的继承 CtrlAction 类或者实现了 ICtrlAction 接口的类。

- image：按钮控件上所显示的图标图片的全路径，可以是相对于可执行程序的相对路径，也可是绝对路径。

- size：该属性的值有两个，normal 表示显示常规图标效果，large 表示显示大图标效果。

- style：用于设置按钮控件的风格类型，该属性的值有三个，即 text、image 和 textandimage。text 表示只显示按钮控件的显示名称，image 表示只显示按钮控件的图标，textandimage 表示在按钮控件上同时显示显示名称和图标。

- description：用于设置按钮控件的描述信息。

- shortcutKey：用于设置按钮控件所对应的快捷键(快捷键的功能与单击按钮控件的功能等同)。该属性的值为快捷键的组合，格式为：[Ctrl]+[Alt]+[Shift]+[KeyName]。例如，定义复制功能的快捷键(Ctrl+C)，就可以把 shortcutKey 属性设为 "[Ctrl]+[C]"。

示例 自定义按钮。在前文示例基础上，在"文件"选项卡中新增一个"保存地图"按钮，并指定 assemblyName、onAction 等值。

打开 SuperMap.Desktop.DataView.config 配置文件，添加如下代码。

```
<tabs>
    <!--文件-->
    <tab index="2" id="WorkSpace" label="文件" formClass="" visible="">
        <group index="1" id="Datasource" label="数据操作" image="../Resources/Group/
                Icon/Start/Datasource.png" layoutStyle="" visible="">
            <button index="" label="保存" visible="" checkState=""
                assemblyName="./Plugins/DataView/SuperMap.Desktop.DataView.dll"
                onAction="SuperMap.Desktop._CtrlActionWorkspaceSave" image="..
                /Resources/DataView/Icon/Home/Workspace/Save.png" size="large" style=""
                screenTip="保存当前工作空间。" shortcutKey="[Ctrl]+[S]"
                helpURL="Features/DataProcessing/DataManagement/SaveWorkspace.htm" />
            <button index="" label="保存地图" visible="" checkState=""
                assemblyName="./Plugins/DataView/SuperMap.Desktop.DataView.dll"
                onAction="SuperMap.Desktop._CtrlActionMapSave "
                image="../Resources/DataView/Icon/Home/Workspace/mapsave.png"
                size="large" style=""
                screenTip="保存当前地图。" shortcutKey="[Ctrl]+[S]" helpURL="
                Features/DataProcessing/DataManagement/SaveWorkspace.htm " />
        </group>
```

自定义效果如图 4-19 所示。

图 4-19　自定义按钮

5. 下拉按钮

下拉按钮(buttonDropdown)控件由两部分组成：按钮部分和下拉按钮部分。当单击按钮部分时会执行与按钮绑定的行为；当单击下拉按钮部分时会弹出下拉菜单，下拉菜单中包括了具有一定功能的 Ribbon 控件，通过这些 Ribbon 控件来实现相应的功能，如图 4-20 所示。

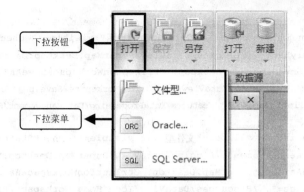

图 4-20　下拉按钮

在配置文件中，每一个下拉按钮对应一个<buttonDropdown>...</buttonDropdown>标签。面中添加下拉按钮，只需添加<buttonDropdown>...</buttonDropdown>标签，并对标签的属性进行相应的设置。要添加多个下拉按钮，就添加多个<buttonDropdown>...</buttonDropdown>标签。

<buttonDropdown>...</buttonDropdown>标签的结构如下：

```
<!--下拉按钮-->
<buttonDropdown index="" id="" label="" visible="" checkState=""
            assemblyName=" " onAction="" image="" size="" style=""
            description="" screenTip="" screenTipImage="" helpURL="">
  <subItems>
    <button index="" label="" visible="" checkState="" assemblyName=""
     onAction="" image="" size="large" style=""
     . screenTip="" screenTipImage="" shortcutKey="" helpURL="" />
     ...
  </subItems>
</buttonDropdown>
```

<subItems>...</subItems>标签用于配置下拉按钮的下拉菜单中的项。下拉菜单中可以放置button、checkBox、comboBox 等各种 Ribbon 控件，只需在<subItems>...</subItems>标签中添加需要的 Ribbon 控件对应的标签，并完成标签属性的设置。

> **示例**　将前文示例中的"保存地图"按钮(button 控件)重新配置为下拉按钮，下拉菜单中显示保存地图的类型为"文件型"和"SQL Server"。

打开 SuperMap.Desktop.MapView.config 配置文件，将 button 标签替换为 buttonDropdown。插件配置文件中<buttonDropdown>...</buttonDropdown>标签内容如下：

```
<group index="1" id="Datasource" label="数据操作" image="../Resources/Group/Icon/Start/
       Datasource.png" layoutStyle="" visible="">
   <button index="" label="保存" visible="" checkState="" assemblyName="./Plugins/DataView/
       SuperMap.Desktop.DataView.dll"
       onAction="SuperMap.Desktop._CtrlActionWorkspaceSave"
       image="../Resources/DataView/Icon/Home/Workspace/Save.png" size="large" style=""
       screenTip="保存当前工作空间。" shortcutKey="[Ctrl]+[S]"
```

```
         helpURL="Features/DataProcessing/DataManagement/SaveWorkspace.htm" />
<buttonDropdown index="" id=" " label="保存地图" visible="" checkState=""
         assemblyName="./Plugins/DataView/SuperMap.Desktop.DataView.dll"
         onAction="SuperMap.Desktop._CtrlActionWorkspaceSaveAs"
         image="../Resources/DataView/Icon/Home/Workspace/Save.png" size="large" style=" "
         screenTip="" helpURL=" Features/DataProcessing/DataManagement/SaveAsWorkspace.htm ">
    <subItems>
        <button index="" label="文件型..." visible="" checkState=""
             assemblyName="./Plugins/DataView/SuperMap.Desktop.DataView.dll"
             onAction="SuperMap.Desktop._CtrlActionWorkspaceSaveAs"
             image="../Resources/DataView/Icon/Home/Workspace/File.png"
             size="large" style="" screenTip="另存为文件型工作空间。"
             shortcutKey="" helpURL="" />
        <button index="" label="SQL Server..." visible="" checkState=""
             assemblyName="./Plugins/DataView/SuperMap.Desktop.DataView.dll"
             onAction="SuperMap.Desktop._CtrlActionWorkspaceSaveAsSQL"
             image="../Resources/DataView/Icon/Home/Workspace/SQLServer.png"
             size="large" style="" screenTip="" shortcutKey=""
             helpURL=" Features/DataProcessing/DataManagement/SaveAsWorkspace.htm " />
    </subItems>
</buttonDropdown>
    </group>
```

自定义效果如图 4-21 矩形框内所示。

图 4-21　自定义下拉按钮

6. 颜色按钮

在配置文件中，每一个颜色按钮(colorButton)控件对应一个<colorButton>...</colorButton>标签。向界面中添加 colorButton 控件，只需添加<colorButton>...</colorButton>标签，并对标签的属性进行相应的设置。图 4-22 所示为颜色按钮。

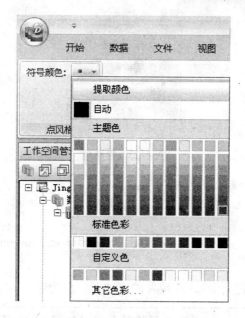

图 4-22　颜色按钮

<colorButton>...</colorButton>标签的结构如下：

```
<!--颜色按钮-->
  <colorButton index="" label="" visible="" checkState=""
          assemblyName="" onAction="" image="" size="" style=""
          screenTip="" screenTipImage="" helpURL=""
          isShowTransparentColor="" />
```

其中，isShowTransparentColor 属性用来设置颜色面板上的"透明色"按钮是否可见。true
表示可见，false 表示不可见。

> **示例**　在 MyWorkEnvironment 工作环境的 SuperMap.Desktop.MapView.config 配置文件
> 中，"风格设置"选项卡包含了一个点符号颜色按钮，内容如下。该标签显示效
> 果如图 4-22 所示。

```
<colorButton index="" label="" visible="" checkState=""
    assemblyName="./Plugins/MapView/SuperMap.Desktop.MapView.dll"
    onAction="SuperMap.Desktop._CtrlActionMarkerColor"
    image="../Resources/MapView/Icon/LayerStyle/PointStyle/MarkerColor.png" size="" style=""
    screenTip="设置当前点图层中的点符号的颜色。"
    helpURL="Features/Visualization\LayerStyle\PointStylegroup.htm" />
```

7. 复选框

在配置文件中，每一个复选框(checkBox)控件对应一个<checkBox>...</checkBox>标签。向
界面中添加复选框控件，只需添加<checkBox>...</checkBox>标签，并对标签的属性进行相
应的设置。复选框示例参见图 4-23。

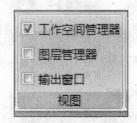

图 4-23　复选框

<checkBox>...</checkBox>标签的结构如下：

```
<!--复选框-->
 <checkBox index="" label="" visible="" checkState="" assemblyName=""
         onAction="" screenTip="" screenTipImage="" checkBoxStyle=""
         helpURL="" width="" />
```

其中，width 属性用于指定 checkBox 控件的宽度，单位为像素。

📖 示例　在 MyWorkEnvironment 工作环境的 SuperMap.Desktop.Frame.config 配置文件中，
　　　　"视图"选项卡包含若干复选框，如图 4-23 所示。"工作空间管理器"复选框
　　　　标签内容如下。

```
<checkBox index="0" label="工作空间管理器" visible="" checkState="true"
        assemblyName="./Plugins/DataView/SuperMap.Desktop.DataView.dll"
        onAction="SuperMap.Desktop._CtrlActionWorkspaceManager"
        screenTip="" checkBoxStyle=""
        helpURL=" Features\BasicContents\View\Viewgroup.htm " width="" / >
```

8. 文本框

在配置文件里，每一个文本框(textBox)控件对应一个<textBox>...</textBox>标签。向界面中
添加文本框控件，只需添加<textBox>...</textBox>标签，并对标签的属性进行相应的设置。
要添加多个文本框控件，就相应添加多个<textBox>...</textBox>标签。图 4-24 中矩形框所
示为文本框控件。

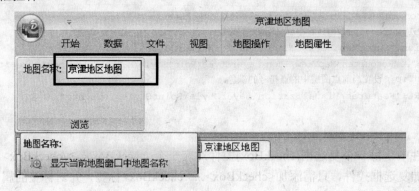

图 4-24　文本框

<textBox>...</textBox>标签的结构如下：

```
<!--文本框-->
<textBox index="" text="" visible="" readOnly="" assemblyName=""
      width="" onAction="" label="" screenTip="" screenTipImage=""
      helpURL="" />
```

相关属性的说明如下。

- text：用于设置 textBox 控件中默认显示的内容。

- readOnly：用于设置 textBox 控件中的内容是否为只读的。true 表示为只读，false 表示为非只读。

- width：指定 textBox 控件的宽度。

示例　重新配置 MyWorkEnvironment 工作环境中图 4-24 所示的"地图名称"文本框，将其 readOnly 属性值改为 true。

打开 SuperMap.Desktop.MapView.config 配置文件，修改"地图属性"选项卡中文本框的 readOnly 属性，代码如下。

```
<!--地图属性-->
<tab index="101" id="MapProperty" label="地图属性" formClass="SuperMap.Desktop._FormMap"
    visible="">
  <group index="" id="Browse" label="浏览" image="../Resources/Group/Icon/MapProperty/
        Browse.PNG" layoutStyle="" visible="">
    <box index="0" id="Label" layoutStyle="" visible="">
      <box index="0" id="Label" layoutStyle="vertical" visible="">
        <label index="" label="地名称:" visible="" screenTip="显示当前地图窗口中地图名称"
                screenTipImage="../Resources/Group/Icon/MapProperty/Browse.PNG" />
      </box>
      <box index="1" id="tcc" layoutStyle="vertical" visible="">
        <textBox index="" label="" visible="" readOnly="true"
                assemblyName="./Plugins/MapView/SuperMap.Desktop.MapView.dll"
                width="100" onAction="SuperMap.Desktop._CtrlActionMapName"
                screenTip="显示和修改当前地图窗口中的地图的名称。"
                helpURL="Features\Visualization\VisualSetting\MapName.htm" />
      </box>
    </box>
  </group>
</tab>
```

打开 SuperMap Deskpro .NET，打开一个工作空间中的地图，在"地图属性"选项卡的"地图名称"文本框中可以看到文本框变为只读显示，如图 4-25 矩形框内所示。

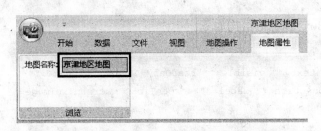

图 4-25　自定义文本框

9. 组合框

组合框(comboBox)控件由一个文本框和一个下拉列表组成，下拉列表包含一系列子项。在配置文件中，每一个 comboBox 控件对应一个<comboBox>...</comboBox>标签。向界面中添加 comboBox 控件，只需添加<comboBox>...</comboBox>标签，并对标签的属性进行相应的设置。如图 4-26 所示即为一个组合框。

图 4-26　组合框

<comboBox>...</comboBox>标签的结构如下：

```
<!--组合框-->
<comboBox index="" id="" visible="" assemblyName="" width="" onAction=""
        dropDownStyle="" label="" screenTip="" screenTipImage="" helpURL="">
 <item label="" image="" name="" />
 <item label="" image="" name="" />
 <item label="" image="" name="" />
 <item label="" image="" name="" />
 <item label="" image="" name="" />
 <item label="" image="" name="" />
 <item label="" image="" name="" />
 <item label="" image="" name="" />
</comboBox>
```

<item label="" image=""/>标签用于添加组合框下拉列表中的项。每个组合框下拉列表中的项对应一个<item.../>标签，如果想添加多项，只需完成多个<item.../>标签的配置。

- label：用于设置组合框下拉列表中各项所显示的文字内容。

- image：用于设置组合框下拉列表中各项所显示的图片，图片将在组合框下拉列表项的文字内容前面显示。

- name：用于设置组合框下拉列表中各项的名称，用来唯一标识组合框下拉列表中的各项。

示例　图4-26中所示的组合框标签代码位于MyWorkEnvironment工作环境的SuperMap. Desktop.MapView.config 配置文件中，具体内容如下。

```
<comboBox index="2" id="Scale" visible="" assemblyName="./Plugins/MapView/
        SuperMap.Desktop.MapView.dll"
    width="100" onAction="SuperMap.Desktop._CtrlActionMapScale" dropDownStyle="dropDown"
    screenTip="提供常用的比例尺，用来设置当前地图窗口中地图的显示比例尺。"
    helpURL="Features/Visualization/MapSetting/SettingScale.htm">
            <item label="1:5,000" image="" />
            <item label="1:10,000" image="" />
            <item label="1:25,000" image="" />
            <item label="1:50,000" image="" />
            <item label="1:100,000" image="" />
            <item label="1:250,000" image="" />
            <item label="1:500,000" image="" />
            <item label="1:1,000,000" image="" />
</comboBox>
```

10. 数字显示框

在配置文件中，每一个数字显示框(integerUpDown)控件对应一个<integerUpDown>... </integerUpDown> 标签。向界面中添加数字显示框控件，只需添加 <integerUpDown>...</integerUpDown>标签，并对标签的属性进行相应的设置。图4-27矩形框内所示为数字显示框。

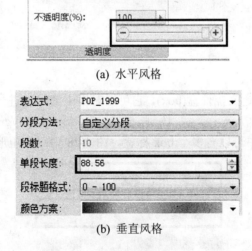

(a) 水平风格

(b) 垂直风格

图 4-27　数字显示框

<integerUpDown>...</integerUpDown>标签的结构如下：

```
<!--数字显示框-->
<integerUpDown index="" id="" width="" maxValue="" minValue="" value=""
        visible="" upDownStyle="" increment="" assemblyName=""
```

```
onAction="" label="" screenTip="" screenTipImage="" helpURL=" " />
```

相关属性说明如下。

- width：用于设置数字显示框控件的宽度，单位为像素。

- increment：用于设置单击数字显示框中的微调按钮(垂直风格)或者单击滑块的"+"/ "−"按钮(水平风格)时，数字显示框中的数值每次增减的步长。

- maxValue：指定数字显示框中数值的最大值，即数字显示框中输入的数值不能超过这个最大值。

- minValue：指定数字显示框中数值的最小值，即数字显示框中输入的数值不能小于这个最小值。

- value：指定数字显示框中当前显示的数值。

- upDownStyle：设置数字显示框的显示样式。该属性的值有 horizontal 和 vertical，分别表示数字显示框的水平风格和垂直风格。

示例 图 4-27 中水平风格的数字显示框的标签内容如下(位于 SuperMap.Desktop. MapView.config 配置文件中)。

```
<integerUpDown index="" id="透明度" width="70" maxValue="100" minValue="0" value="0" visible=""
        assemblyName="./Plugins/MapView/SuperMap.Desktop.MapView.dll"
        onAction="SuperMap.Desktop._CtrlActionLayerOpaqueRate"
        screenTip="设置当前图层的透明程度。\n 不透明度的数值为 0 至 100 之间的整数，0 是完全透明；
                  100 是完全不透明。"
        helpURL="Features/Visualization/VisualSetting/LayerTransparent.html">
</integerUpDown>
```

11. 控件盒

<box>...</box>标签用于定义控件盒(box)，它可以对组中的控件进一步分组，便于控件的布局与排列。<box>...</box> 标签必须放置在 <group>...</group> 标签内，一个 <group>...</group>标签中可以有多个 box 标签。图 4-28 中每个矩形框就表示一个控件盒。

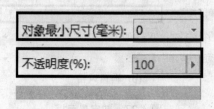

图 4-28　控件盒

<box>...</box>标签的结构如下：

```
<!--box-->
<box index="" id="" itemSpace="" layoutStyle="" visible="">
```

```
<checkBox index="" label="" visible="" checkState="" assemblyName=""
   onAction="" screenTip="" checkBoxStyle="" helpURL="" />
</box>
```

相关属性说明如下。

- itemSpace：指定 box 中的 Ribbon 控件间的间隔。

- layoutStyle：box 中的 Ribbon 控件的排列方式。该属性值为 horizontal，表示水平排列；为 vertical，表示垂直排列。

示例　将图 4-28 中的 box 重新配置，设置为垂直排列。

打开 MyWorkEnvironment 工作环境中的 SuperMap.Desktop.MapView.config 配置文件，在"地图属性"选项卡部分修改代码如下：

```
<group index="" id="OpaqueRate" label="透明度" image="" layoutStyle="" visible="">
        <box index="11" id="Label45345" layoutStyle="vertical" visible="">
      <label index="" label="对象最小尺寸(毫米):" visible="" screenTip="" />
      <comboBox index="" id="对象最小尺寸" visible="" assemblyName=". /Plugins/
          MapView/SuperMap.Desktop.MapView.dll" width="70"
          onAction="SuperMap.Desktop._CtrlActionMinVisibleGeometrySize"
          dropDownStyle="DropDown" screenTip="设置当前图层中可见的最小对象的尺寸。\n
          几何对象的最小外接矩形的宽度和高度之中的较大值小于此处设置的对象最小显示尺寸，则几何
          对象不可见。"
          helpURL="Features/Visualization/AdcanceSetting/ObjectSize.html">
      <item label="0.1" image="" />
      <item label="0.3" image="" />
      <item label="0.5" image="" />
      <item label="0.7" image="" />
      <item label="0.9" image="" />
      <item label="1.0" image="" />
      <item label="2.0" image="" />
      <item label="3.0" image="" />
      <item label="4.0" image="" />
      <item label="5.0" image="" />
      </comboBox>
    </box>
        <box index="12" id="textBox222" layoutStyle="vertical" visible="">
      <label index="" label="不透明度(%):          " visible="" screenTip="" />
      <integerUpDown index="" id="透明度" width="70" maxValue="100" minValue="0"
          value="0" visible="" assemblyName="./Plugins/MapView/SuperMap.Desktop.
          MapView.dll" onAction="SuperMap.Desktop._CtrlActionLayerOpaqueRate"
          screenTip="设置当前图层的透明程度。\n 不透明度的数值为 0 至 100 之间的整数，0 是完
          全透明；100 是完全不透明。" helpURL="Features/Visualization/VisualSetting/
          LayerTransparent.html"></integerUpDown>
    </box>
    </group>
```

自定义结果如图 4-29 矩形框内所示。

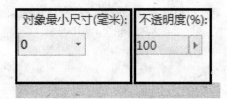

图 4-29　自定义控件盒

12. 容器控件

gallery 是一个容器控件，可以用来放置 buttonGallery 控件和其他 Ribbon 控件。

在配置文件中，每一个 gallery 控件对应一个<gallery>...</gallery>标签。向界面中添加 gallery 控件，只需添加<gallery>...</gallery>标签，并对标签的属性进行相应的设置。gallery 控件示例参见图 4-30。

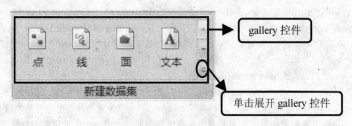

图 4-30　gallery 控件

<gallery>...</gallery>标签的结构如下：

```
<!--gallery-->
<gallery index="" id="" visible="" style=""
        itemsTextAlignment="" galleryItemWidth=""
        galleryMaxColumns="" imagePosition="" label=""
        screenTip="" screenTipImage="">
  <galleryItems index="" id="DatasetType" visible="" label="">
    <buttonGaller/>
    ...
  </galleryItems>
  <subItems>
    <button.../>
    <textbox.../>
    <buttonDropDown.../>
    ...
  </subItems>
  ...
</gallery>
```

相关属性说明如下。

- itemsTextAlignment：指定 gallery 控件中每一个 buttonGallery 控件上所显示的文字的对齐方式。该属性的值可以为 left、right 或 middle，分别表示文字的左对齐、右对齐和居中显示。

- galleryItemWidth：指定 gallery 控件中每一个 buttonGallery 控件的宽度，gallery 控件总共显示多宽是通过 galleryItemWidth 和 galleryMaxColumns 属性指定的值计算得到的。

- galleryMaxColumns：设置 gallery 控件最多显示多少列，即一行显示 buttonGallery 控件的个数。超过此数，gallery 控件中的 buttonGallery 控件将换行显示。

<subItems>...</subItems>标签用于配置 gallery 控件中除 buttonGallery 控件以外的其他 Ribbon 控件，即向 gallery 控件添加诸如复选框等控件，就在<subItems>... </subItems>标签中配置相应的 Ribbon 控件对应的标签。

<galleryItems>...</galleryItems>标签用于配置 gallery 控件中的 buttonGallery 控件。向 gallery 控件中添加 buttonGallery 控件，就在<galleryItems>...</galleryItems>标签中配置 buttonGallery 控件对应的标签。一个 gallery 控件中(对应一个<gallery>...</gallery>标签)可以含有多个<galleryItems>...</galleryItems>，实现 buttonGallery 控件的进一步分组。

🖼️**示例** 图 4-30 中的 gallery 控件代码位于 MyWorkEnvironment 工作环境下的 SuperMap. Desktop.DataEditor.config 配置文件中，具体内容如下。

```
<gallery index="" id="DatasetNew" visible="" style="" galleryItemWidth="" galleryMaxColumns="4"
        imagePosition="" screenTip="" helpURL="Features/DataProcessing/DataManagement/
            CreateDataset.htm">
    <galleryItems index="" id="DatasetType" visible="" label="">
        <buttonGallery
            ...
        />
        <buttonGallery
            ...
        />
    ...
    </galleryItems>
</gallery>
```

13. buttonGallery 控件

在配置文件中，每一个 buttonGallery 控件对应一个<buttonGallery>...</buttonGallery>标签。向界面中添加 buttonGallery 控件，只需添加<buttonGallery>...</buttonGallery>标签，并对标签的属性进行相应的设置。要添加多个 buttonGallery 控件，就相应添加多个标签。buttonGallery 控件和 gallery 控件的示例参见图 4-31。

<buttonGallery>...</buttonGallery>标签的结构如下：

```
<!-- buttonGallery -->
<buttonGallery index="" label="" visible="" checkState=""
            assemblyName="" onAction="" image=""  style=""
            screenTip="" screenTipImage="" helpURL="" />
```

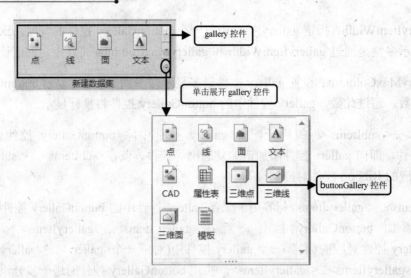

图 4-31　buttonGallery 控件和 gallery 控件

⊕示例　图 4-31 中其中一个 buttonGallery 控件的标签内容如下(位于 SuperMap.Desktop.
DataEditor.config 配置文件中)。

```
<buttonGallery index="" label="点" visible="" checkState=""
        assemblyName="./Plugins/DataEditor/SuperMap.Desktop.DataEditor.dll"
        onAction="SuperMap.Desktop._CtrlActionNewDatasetPoint"
        image="../Resources/DataEditor/Icon/Datasource/DatasetNew/Point.png"
        showLabel="" showImage=""
        screenTip="打开新建数据集对话框，进行数据集的创建。\n 默认创建的数据集类型为点数据集。"
        helpURL=" Features/DataProcessing/DataManagement/CreateDataset.htm " />
```

4.4.2　快捷按钮栏

快捷按钮栏(quickAccess)位于应用程序中主窗口的左上角，即主程序图标右侧(如图 4-32 所示)，用来放置使用频率较高的功能控件。

SuperMap Deskpro .NET 应用程序默认不提供快捷按钮栏，在用户需要时，可通过
<quickAccess>...</quickAccess>标签来配置快捷按钮栏。

目前，快捷按钮栏只可以放置按钮控件和下拉按钮控件。

向快捷按钮栏中添加按钮控件和下拉按钮控件需在<quickAccess>...</quickAccess>标签之间配置相应控件的标签。

⊕示例　自定义快捷按钮栏，在快捷按钮栏中提供"保存工作空间"和"打开工作空间"
这两个功能按钮。对于工作空间的操作可以通过 SuperMap.Desktop.Frame.dll 插
件实现，因此在 MyWorkEnvironment 工作环境的 SuperMap.Desktop.Frame.config
配置文件中添加如下内容。

图 4-32　快捷按钮栏

```
<toolbox>
  <!--快捷按钮栏-->
  <quickAccess>
    <!-- 按钮 -->
    <button index="" label="保存" visible="" checkState=""
           assemblyName="./Plugins/DataView/SuperMap.Desktop.DataView.dll"
           onAction="SuperMap.Desktop._CtrlActionWorkspaceSave"
           image="../Resources/DataView/Icon/Home/Workspace/Save.png"
           size="large" style="" screenTip="" shortcutKey="" helpURL="" />
    <!--下拉按钮-->
    <buttonDropdown index="" id="Workspace" label="打开"
           visible="" checkState=""
           assemblyName="./Plugins/DataView/SuperMap.Desktop.DataView.dll"
             onAction="SuperMap.Desktop._CtrlActionWorkspaceOpenFile"
           image="../Resources/DataView/Icon/Home/Workspace/File.png"
           size="large" style="" screenTip="" helpURL="">
      <subItems>
      <button index="" label="文件型..." visible="" checkState=""
                   assemblyName="./Plugins/DataView/SuperMap.Desktop.DataView.dll"
           onAction="SuperMap.Desktop._CtrlActionWorkspaceOpenFile"
           image="../Resources/DataView/Icon/Home/Workspace/File.png"
           size="large" style="" screenTip="" shortcutKey="" helpURL=" " />
      <button index="" label="Oracle..." visible="" checkState=""
           assemblyName="./Plugins/DataView/SuperMap.Desktop.DataView.dll"
           onAction="SuperMap.Desktop._CtrlActionWorkspaceOpenOracle"
           image="../Resources/DataView/Icon/Home/Workspace/Oracle.png"
           size="large" style="" screenTip="" shortcutKey="" helpURL="" />
      <button index="" label="SQL Server..." visible="" checkState=""
               assemblyName="./Plugins/DataView/SuperMap.Desktop.DataView.dll"
           onAction="SuperMap.Desktop._CtrlActionWorkspaceOpenSQL"
           image="../Resources/DataView/Icon/Home/Workspace/SQLServer.png"
           size="large" style="" screenTip="" shortcutKey="" helpURL="" />
      </subItems>
    </buttonDropdown>
  </quickAccess>
</toolbox>
```

其中，快捷按钮栏的配置标签<quickAccess>...</quickAccess>要放置在<toolbox>...</toolbox>之间，即与<ribbon>...</ribbon>标签并列。配置后的按钮如图 4-32 所示。

4.4.3 "开始"菜单

应用程序用户界面的最左上角的按钮 ⊙ 为"开始"按钮，单击"开始"按钮后会弹出如图 4-33 所示的"开始"菜单。

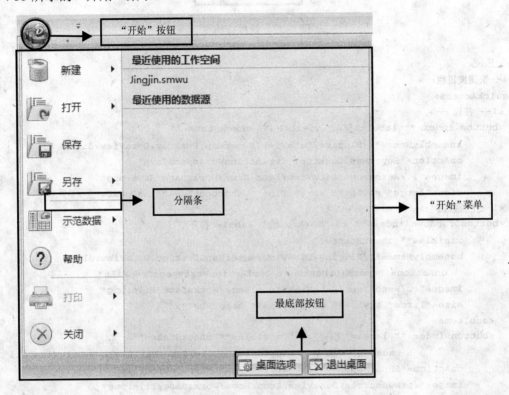

图 4-33 "开始"菜单

"开始"菜单上可以放置 Ribbon 控件(例如按钮、分隔条等)、最近打开文件列表，最底部可以配置最底部按钮。而这些配置，只需在配置文件所对应的<startMenu>...</startMenu>标签中配置相关控件对应的标签即可实现，如下所示。

```
<!--"开始"菜单-->
<startMenu>
  <!--最近文件列表-->
  <recentFile>
    <group label="最近使用的工作空间" />
  </recentFile>
  <!--分隔条-->
  <separator index=""></separator>
  <!--最底部按钮-->
  <bottomButtons>
    <button index="" label="桌面选项" visible="" checkState=""
            assemblyName="./Plugins/Frame/SuperMap.Desktop.Frame.dll"
            onAction="SuperMap.Desktop._CtrlActionDesktopOptions"
```

```
            image="../Resources/DataView/Icon/Home/Workspace/Option.png"
            size="" showLabel="" showImage="" screenTip=""
            helpURL="Features/StartMenu\ItemDeskproOption.htm" />
    </bottomButtons>
</startMenu>
```

<startMenu>...</startMenu>标签中的内容说明如下。

- <separator index=""></separator>标签用于在"开始"菜单中添加分隔条控件,以分隔 "开始"菜单中的其他 Ribbon 控件。

- <recentFile>...</recentFile>标签用于配置最近打开文件列表。最近打开文件列表可以进 一步支持最近打开文件分组。每一个最近打开文件组包含在<group>...</group>标签中, 每一个最近打开文件对应其中的一个按钮(button)控件。<group>...</group>标签的详细 介绍参见前文。

- <bottomButtons>...</bottomButtons>标签用来配置"开始"菜单中最底部的按钮。

📝提示　每一个配置文件都可以对"开始"菜单(<startMenu>...</startMenu>标签)进行定 制,例如可以分别在 SuperMap.Desktop.Frame.config、SuperMap.Desktop.DataView. config 或 SuperMap.Desktop.DataEditor.config 中定制"开始"菜单的内容, SuperMap Deskpro .NET 主程序会对所有配置文件中的"开始"菜单项进行合并。

🔖示例　自定义"开始"菜单。除了提供"最近使用的工作空间"、"最近使用的数据源"、 "桌面选项"和"退出桌面"外,在"开始"菜单中增加打开和保存工作空间 的操作项。

要自定义"开始"菜单,需要在配置文件中对<startMenu>标签进行设置。由于 SuperMap Deskpro.NET 默认是将所有配置文件中的<startMenu>标签项目进行罗列。示例要求的"最 近使用的工作空间"、"最近使用的数据源"、"桌面选项"和"退出桌面"功能已经在 MyWorkEnvironment 工作环境的 SuperMap.Desktop.Frame.config 配置文件中提供了,本示 例只需要添加打开和保存工作空间两个功能即可。这两个功能可以通过 SuperMap.Desktop.DataView.dll 插件实现,因此打开 SuperMap.Desktop.DataView.config 文 件进行设置。在</toolbox>标签下面添加<startMenu>...</startMenu>标签,内容如下:

```
</toolbox>
<startMenu>
    <buttonDropdown index="1" id="Open" label="打开" visible="" checkState=""
            assemblyName="./Plugins/DataView/SuperMap.Desktop.DataView.dll"
            onAction="SuperMap.Desktop._CtrlActionWorkspaceOpenFile"
            image="../Resources/DataView/Icon/Home/Workspace/Open.png" size="large" style=""
            screenTip="" helpURL="Features/StartMenu\ItemOpen.htm">
    <subItems>
        <separator index="0" label="工作空间" />
        <button index="1" label="文件型..." description="打开文件型工作空间。" visible=""
            checkState="" assemblyName="./Plugins/DataView/SuperMap.Desktop.DataView.dll"
            onAction="SuperMap.Desktop._CtrlActionWorkspaceOpenFile"
            image="../Resources/DataView/Icon/Home/Workspace/File.png" size="large" style=""
```

```
            screenTip="" shortcutKey="" helpURL="Features/DataProcessing/DataManagement/
            OpenWorkspace.htm" />
        <button index="2" label="Oracle..." description="打开 Oracle 数据库型的工作空间。" visible=""
            checkState=""assemblyName="./Plugins/DataView/SuperMap.Desktop.DataView.dll"
            onAction="SuperMap.Desktop._CtrlActionWorkspaceOpenOracle"
            image="../Resources/DataView/Icon/Home/Workspace/Oracle.png" size="large"
            style="" screenTip="" shortcutKey="" helpURL="Features/DataProcessing/
            DataManagement/OpenWorkspace.htm" />
        <button index="3" label="SQL Server..." description="打开 SQL Server 数据库型的工
            作空间。" visible="" checkState="" assemblyName="./Plugins/DataView/SuperMap.
            Desktop.DataView.dll"
            onAction="SuperMap.Desktop._CtrlActionWorkspaceOpenSQL"
            image="../Resources/DataView/Icon/Home/Workspace/SQLServer.png"
            size="large" style="" screenTip="" shortcutKey=""
            helpURL="Features/DataProcessing/DataManagement/OpenWorkspace.htm"/>
    </subItems>
  </buttonDropdown>
  <button index="2" label="保存" visible="" checkState=""
        assemblyName="./Plugins/DataView/SuperMap.Desktop.DataView.dll"
        onAction="SuperMap.Desktop._CtrlActionWorkspaceSave"
        image="../Resources/DataView/Icon/Home/Workspace/Save.png" size="large" style=""
        screenTip="保存当前工作空间。" shortcutKey="" helpURL="Features/StartMenu\
        ItemSave.htm" description="" />
</startMenu>
```

配置后的"开始"菜单界面如图 4-34 所示。

图 4-34　修改后的"开始"菜单

4.4.4　状态栏

应用程序中的主窗口、子窗口都可以有自己的状态栏(statusBar)，并且每个窗口只能有一个状态栏，图 4-35 和图 4-36 所示分别为系统默认地图窗口和布局窗口的状态栏。

图 4-35　地图窗口的状态栏

图 4-36　布局窗口的状态栏

状态栏通过<statusbar>...</statusbar>标签来配置。状态栏上可以放置各种 Ribbon 控件,向状态栏中添加 Ribbon 控件只需在<statusbar>...</statusbar>标签之间配置相应控件的标签,如下所示。

```
<statusbars>
 <!--状态栏-->
   <statusbar visible="" formClass="...">
    <subItems>
      <textBox/>
      <label/>
      <button />
      <control index="" label="" visible="" width="" control=""
            assemblyName="" screenTip="" />
    </subItems>
   </statusbar>
   <statusbar visible="" formClass="">
   </statusbar>
 </statusbars>
```

<statusbars>...</statusbars>标签表示该插件配置文件中所配置的所有状态栏的集合,<statusbar>...</statusbar>标签的配置内容要放置在其下。配置 Ribbon 控件的标签都组织在<subItems>...</subItems>之间。

<statusbar>...</statusbar>标签的各个属性的含义与作用详细介绍如下。

- visible:指定状态栏是否可见。true 表示可见,false 为不可见。

- formClass:指定状态栏所绑定的窗体,即该状态栏属于哪种类型的窗口。设置该属性后,相应类型的窗口将出现状态栏。

标签用来配置用户自定义控件。

- index:用于对控件进行排序,即当状态栏中存在多个控件时,每个控件将通过该属性的值来确定其排列次序。

- label:用于设置控件的标题。

- visible:用于设置自定义控件的可见性。true 表示可见,false 为不可见。

- width:用于设置自定义控件的宽度。

- control:用于设置放置在状态栏中的用户自定义控件的全名。

- assemblyName:用于设置用户自定义控件所在的程序集。

- screenTip:用于设置鼠标停留在用户自定义控件上时所显示的提示信息,支持 SuperTip 模式,即 Microsoft Office 2007 缩略图式的提示风格。

示例 自定义地图状态栏,状态栏中显示鼠标当前位置和地图投影信息以及放大、缩小、自由缩放和全幅显示几种地图操作。

为地图设置一个状态栏，因此在 MyWorkEnvironment 工作环境 SuperMap.
Desktop.MapView.config 配置文件中配置<statusbars>...</statusbars>标签。在</toolbox>标签
下面添加如下内容。

```
</toolbox>
<statusbars>
  <statusbar visible="" formClass="SuperMap.Desktop._FormMap">
    <subItems>
      <textBox index="1" label="" visible="" readOnly=""
              assemblyName="./Plugins/MapView/SuperMap.Desktop.MapView.dll" width=""
              onAction="SuperMap.Desktop._CtrlActionMapMousePosition" screenTip="" />
      <textBox index="2" label="" visible="" readOnly=""
              assemblyName="./Plugins/MapView/SuperMap.Desktop.MapView.dll" width=""
              onAction="SuperMap.Desktop._CtrlActionMapPrjCoordSys"
              screenTip="" />
      <separator index="7"></separator>
      <button index="10" label="放大" visible="" checkState=""
             assemblyName="./Plugins/MapView/SuperMap.Desktop.MapView.dll"
             onAction="SuperMap.Desktop._CtrlActionZoomIn"
             image="../Resources/MapView/Icon/Map/Browse/Zoomin2.png"
             size="" style="image" screenTip="" shortcutKey="" />
      <button index="11" label="缩小" visible="" checkState=""
             assemblyName="./Plugins/MapView/SuperMap.Desktop.MapView.dll"
             onAction="SuperMap.Desktop._CtrlActionZoomOut"
             image="../Resources/MapView/Icon/Map/Browse/Zoomout2.png"
             size="" style="image" screenTip="" shortcutKey="" />
      <button index="12" label="自由缩放" visible="" checkState=""
                    assemblyName="./Plugins/MapView/SuperMap.Desktop.MapView.dll"
             onAction="SuperMap.Desktop._CtrlActionZoomFree"
             image="../Resources/MapView/Icon/Map/Browse/ZoomFree2.png"
             size="" style="image" screenTip="" />
      <button index="13" label="全幅显示" visible="" checkState=""
                    assemblyName="./Plugins/MapView/SuperMap.Desktop.MapView.dll"
             onAction="SuperMap.Desktop._CtrlActionMapViewEntire"
             image="../Resources/MapView/Icon/Map/Browse/Entire2.png"
             size="" style="image" screenTip="" shortcutKey="" />
    </subItems>
  </statusbar>
</statusbars>
```

启动 SuperMap Deskpro .NET，打开一幅地图后，可以看到自定义状态栏的效果如图 4-37
所示。

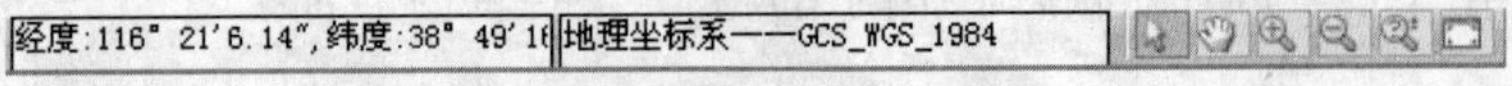

图 4-37　自定义地图窗口状态栏

4.4.5　右键菜单

SuperMap Deskpro .NET 应用程序界面中右键菜单(contextMenu)的配置可以通过配置文件

中的\<contextMenu\>...\</contextMenu\>标签来完成。一个\<contextMenu\>...\</contextMenu\>标签对应一个右键菜单，一个配置文件中的右键菜单的配置要放置在\<contextMenus\>...\</contextMenus\>标签之间。图 4-38 所示为工作空间右键菜单界面。

图 4-38　工作空间右键菜单

📖 **示例**　　如下所示为 SuperMap.Desktop.DataView.config 插件配置文件中工作空间右键菜单的标签内容。

```
<contextMenus>
 <!--工作空间-->
 <contextMenu menuStrip="SuperMap.UI.WorkspaceManager.ContextMenuWorkspace">
  <group index="0" id="OpenWorkspace" label="" layoutStyle="" visible="">
  </group>
 </contextMenu>
 <!--数据源-->
 <contextMenu menuStrip="SuperMap.UI.WorkspaceManager.ContextMenuDatasource">
 </contextMenu>
</contextMenus>
```

\<contextMenu\>...\</contextMenu\>标签中，menuStrip 是右键菜单所对应控件的右键菜单的属性名称，此例中为 SuperMap.UI.WorkspaceManger.ContextMenuWorkspace，就表示该右键菜单下的所有配置均加入工作空间管理器中工作空间节点的右键菜单中。

\<group\>...\</group\>标签中所包含的项目为一个分组。如果右键菜单中配置有多个分组，那么会在各个分组之间自动添加一个分隔条(seperator)。需要注意的是，label 和 layoutStyle 属性在这里无效。

📌 **注意**　　右键菜单中的配置项目前仅支持 group、button 和 buttonDropdown。

4.4.6　分隔条控件

分隔条(separator)控件用来分隔菜单中的菜单项、组中的控件以及 gallery 容器中 \<subItems\>...\</subItems\>标签所配置的控件。

图 4-39 所示为"开始"按钮的下拉菜单，其中使用了分隔条对菜单项进行分隔。

图 4-40 所示为一个右键菜单，其中使用了分隔条对菜单项进行分隔。

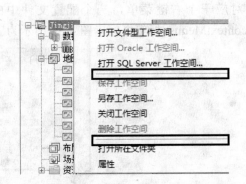

图 4-39 "开始"菜单中的分隔条   图 4-40 右键菜单中的分隔条

在插件配置文件中，配置分隔条控件的标签如下：

```
<!--分隔条-->
 <separator id="" label="" index=""></separator>
```

每个<separator ></separator>标签对应一个分隔条控件。向界面中添加分隔条控件只需配置该标签。添加多个分隔条控件，就配置多个<separator></separator>标签。分隔条的两种展现方式如图 4-41 所示。

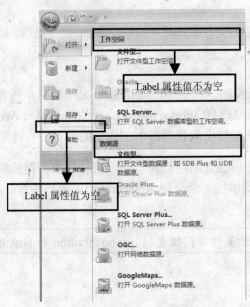

图 4-41 分隔条的两种展现方式

4.4.7 浮动窗口

SuperMap Deskpro .NET 应用程序中的工作空间管理器、图层管理器、输出窗口等都属于浮动窗口(dockbar)。在插件配置文件中，浮动窗口的相关配置内容必须放置在<dockbar>...</dockbar>标签中，并且<dockbar>...</dockbar>标签中包含两种类型的标签：一个是<bar>...</bar>标签，一个是<barGroup>...</barGroup>标签。下文将详细介绍这两种类型的标签。

1．浮动窗口组

<barGroup>...</barGroup>标签对应一个浮动窗口组，主要用来定义其下的所有浮动窗口的排列形式，包括水平排列(如图4-42所示)、垂直排列(如图4-43所示)以及类似于选项卡(tab)方式的排列。

图4-42　浮动窗口组水平排列　　　　图4-43　浮动窗口组垂直排列

浮动窗口的配置部分可以包含多个<barGroup>...</barGroup>，每一个<barGroup>...</barGroup>标签下还可以包含多个浮动窗口(<bar>...</bar>)，相同组下的浮动窗口由该组进行管理。代码如下所示：

```
<dockbar>
<!--浮动窗口组-->
<barGroup index="" id="df3d6846-202a-4095-aa58-ff4d14e4a512"
        groupStyle="horizontal" dockstate="Docked"
        visible="true" docksite="Left"
        floatingLocation="0,0" size="200,800" autoHide="false">
  <!--浮动窗口-->
    <bar index="" label="工作空间管理器" dockstate="Docked" docksite="left" visible="true"
        floatingLocation="0,0"
        size="200,400"
        control="SuperMap.UI.WorkspaceManager"
        assemblyName="./SuperMap.UI.Controls.dll"
        autoHide="false" index="0" />
    <bar index="" label="图层管理器" dockstate="Docked" docksite="left"
```

```
                visible="true" floatingLocation="0,0" size="200,400"
                control="SuperMap.UI.LayerManagerControl"
                assemblyName="./SuperMap.UI.Controls.dll"
                autoHide="false" index="1" />
   </barGroup>
</dockbar>
```

相关属性说明如下。

- dockstate：用于设置浮动窗口的 barGroup 的停靠模式。该属性的值可以为 docked 和 floating，docked 表示为停靠状态，floating 表示为浮动状态。

- docksite：用于设置浮动窗口的 barGroup 的停靠位置，即相对于主窗口的位置。该属性的值可以为 left、right、bottom 或 top，分别表示位于相对于主窗口的左、右、底部和顶部位置。

- floatingLocation：用于设置浮动窗口 barGroup 浮动时的位置。该属性值的格式必须为 "x, y"，其中，x 表示水平坐标值，y 表示垂直坐标值。

- autoHide：用于设置浮动窗口 barGroup 是否自动隐藏，该属性只有在浮动窗口 barGroup 的停靠模式为 docked 时才有效。该属性的值为 true 时，表示自动隐藏；为 false 时，为一直显示。

- groupStyle：用于设置浮动窗口 barGroup 中的浮动窗口按照什么方式排列。该属性的值有三种：horizontal、vertical 和 tab。其中，horizontal 表示水平排列，vertical 表示垂直排列，tab 表示以选项卡模式排列。

另外，<barGroup>...</barGroup>标签可以嵌套，即浮动窗口 barGroup 里面还可以有浮动窗口 barGroup。

2. 浮动窗口

每个浮动窗口(bar)在配置文件中对应一个<bar>...</bar>标签。向界面中添加浮动窗口，只需添加<bar>...</bar>标签，并对标签的属性进行相应的设置。欲添加多个浮动窗口，需要添加多个标签。代码如下所示：

```
<dockbar>
  <barGroup index="" id=" " groupStyle="horizontal" dockstate="Docked"
        visible="true" docksite="Left"floatingLocation="0,0"
        size="200,800" autoHide="false">
    <bar index="" label="工作空间管理器" dockstate="Docked" docksite="left" visible="true"
        floatingLocation="0,0" size="200,400"
        control="SuperMap.UI.WorkspaceManager"
        assemblyName="./SuperMap.UI.Controls.dll"
        autoHide="false" index="0" />
  </barGroup>
  <bar index="" label="输出窗口" dockstate="Docked" docksite="bottom"
    visible="true" floatingLocation="0,0" size="900,200"
```

```
   control="SuperMap.Desktop._Output"
   assemblyName="./Plugins/Frame/SuperMap.Desktop.Frame.dll"
   autoHide="false" />
</dockbar>
```

相关属性说明如下。

- control：嵌入浮动窗口中的控件类的全名。

- assemblyName：嵌入浮动窗口中的控件类，即 control 属性所指定的类所在的程序集文件的名称，可以是相对于可执行程序的相对路径，也可以是绝对路径。该属性的值必须正确设置。

4.5　其他全局配置

在编写配置文件时，除了可以进行前文中讲述的工作环境配置、插件配置、界面元素配置之外，还可以对与应用程序相关的全局信息(例如启动界面、主程序标题和图标等) 进行配置。

全局配置文件 SuperMap.Desktop.Startup.xml 和 SuperMap.Desktop.RecentFile.xml 存放在产品目录下的 Configuration 文件夹中。

> 提示　在学习本节内容的过程中，可能会对 SuperMap Deskpro .NET 的全局配置文件进行修改。为了避免修改过程中的误操作导致软件无法正常启动，建议在学习本节内容前，先对 SuperMap Deskpro .NET 安装目录\Configuration 文件夹进行备份。

4.5.1　启动界面

软件的启动界面通常展示了软件的名称、版本、公司 logo 等一些比较直观的信息。图 4-44 所示为 SuperMap Deskpro .NET 默认的启动界面。

图 4-44　默认启动界面

SuperMap.Desktop.Startup.xml 文件中的<splash enabled="true">...</splash>标签用于配置应用程序的启动界面，包括启动界面的界面设计以及启动时需要显示的信息和处理的内容。此标签中的内容如下所示：

```
<!--启动界面-->
  <splash enabled="true">
    <script assemblyName="" onAction="">
      ...
    </script>
    <splashItems>
      <backgroundimage image=""></backgroundimage>
      <message text="" location="" fontName="" fontSize="" bold=""
               textColor=""></message>
      <image image="" location="" size="" transparentColor=""></image>
      ...
    </splashItems>
  </splash>
```

<splash>...</splash>标签只有一个属性 enabled，用于表示启动界面是否可用。它有两个值：true 表示可用，false 为不可用。

<script>...</script>标签对应启动界面加载时要执行的内容。assemblyName 是 onAction 属性指定的继承 CtrlAction 类或者实现了 ICtrlAction 接口的类所在的程序集的文件名称，它可以是相对于可执行程序的相对路径，也可以是绝对路径。

<splashItems>...</splashItems>标签用于配置启动界面的风格。此标签可以实现启动界面背景图片的设置以及向启动界面上添加文字和图片。

<backgroundimage image=""></backgroundimage>：用于设置启动界面的背景图片，通过标签的 image 属性设置。该属性的值为图片的全路径，可以是相对于可执行程序的相对路径，也可以是绝对路径。

：用于在启动界面上添加文字内容。该标签的各个属性的含义及作用如下。

- text：用于设置文字内容。

- location：用于设置文字内容相对于启动界面的显示位置。该属性值的格式必须为"x,y"，其中，x 表示水平坐标值，y 表示垂直坐标值。

- fontname：用于设置显示的文字所使用的字体风格。该属性的值为字体的名称。

- fontsize：用于设置显示的文字的字体大小。该属性的值为数值型。

- bold：用于设置显示的字体是否加粗。true 表示加粗，false 表示不加粗。

- textcolor：用于设置显示的文字的字体颜色。

用于在启动界面上添加图片。该标签的各个属性的含义及作用如下。

- image：指定图片的全路径，可以是相对于可执行程序的相对路径，也可以是绝对路径。

- location：指定图片相对于启动界面的显示位置。该属性值的格式必须为 "*x，y*"，其中，*x* 表示水平坐标值，*y* 表示垂直坐标值。

- size：指定图片的显示大小。该属性值的格式必须为 "*x，y*"，其中，*x* 表示宽度，*y* 表示高度。

- transparentColor：指定图片背景透明时的透明颜色。

> **注意**　配置启动界面风格，必须包含<splashItems>…</splashItems>标签。

> **示例**　在 SuperMap.Desktop.Startup.xml 文件的<splash enabled="true">…</splash>标签中，重新指定背景图片，分别添加三组 text 值，标签中的具体内容如下所示。

```
<splash enabled="true">
  <splashItems>
    <backgroundimage image="E:\Logo.png">
    </backgroundimage>
    <message text="SuperMap 可扩展式桌面" location="5,5" fontName="微软雅黑"
          fontSize="15" bold="TRUE" textColor="255,0,0">
    </message>
    <message text="单位：SuperMap" location="350,280" fontName="微软雅黑"
          fontSize="9" bold="TRUE" textColor="0,0,0">
    </message>
    <message text="用户：SuperMap" location="350,300" fontName="微软雅黑"
          fontSize="9" bold="TRUE" textColor="0,0,0">
    </message>
  </splashItems>
</splash>
```

启动程序后，显示的启动界面如图 4-45 所示。

图 4-45　自定义启动界面

4.5.2 主程序标题和图标

应用程序的主程序标题和图标也可通过全局配置文件(SuperMap.Desktop.Startup.xml)指定。图 4-46 为默认的主程序标题和图标。

图 4-46　默认的主程序标题和图标

全局配置文件(SuperMap.Desktop.Startup.xml)中的<mainForm></mainForm>标签用来配置主程序标题和图标。

```
<!--主程序标题和图标-->
<mainForm text="" textExpress="" textViewer="" icon="">
</mainForm>
```

相关属性说明如下。

● text：指定主程序标题的文本内容。

● icon：指定主程序图标的图标文件的全路径，可以是相对于可执行程序的相对路径，也可以是绝对路径。

> **注意**　主程序图标需要使用 icon 图标，即后缀为.ico。

> **示例**　将主程序标题重新配置为"SuperMap 可扩展式桌面"，并修改图标，修改后的标签内容如下。

```
<!--SuperMap Desktop .NET 的标题及图标-->
<mainForm text="SuperMap 可扩展式桌面" textExpress=" " textViewer=" "
        icon="E:\custom.ico">
```

自定义结果如图 4-47 所示。

图 4-47　自定义主程序标题和图标

本例所使用图标为配套光盘\示范程序\第 4 章_配置文件\custom.ico。

4.5.3　最近打开文件列表

最近打开文件列表(如图 4-48 所示)，除了可在"开始"菜单中进行配置外(关于在"开始"菜单中配置的内容参见 4.4.3 节)，也可在配置文件 SuperMap.Desktop.RecentFile.xml 中记录和管理。

图 4-48　最近打开文件列表

如下所示为 SuperMap.Desktop.RecentFile.xml 中的配置内容。用户可以通过修改配置文件，配置自己需要的最近打开文件列表，从而方便使用。

```xml
<?xml version="1.0" encoding="utf-8"?>
<!--最近打开文件列表-->
  <recentFile>
   <group label="最近使用的工作空间">
    <button label="Jingjin.smwu" visible="true" checkState="false"
        onAction="SuperMap.Desktop._CtrlActionRecentFiles"
        assemblyName="D:\Program Files\SuperMap\SuperMap Deskpro .NET\
          Bin\SuperMap.Desktop.Core.dll"
        style="text" image="" size="normal"
        screenTip="D:\Program Files\SuperMap\SuperMap Deskpro .NET\
```

```
                    SampleData\City\Jingjin.smwu" />
    </group>
    <group label="最近使用的数据源">
      <button label="Jingjin.udb" visible="true" checkState="false"
             onAction="SuperMap.Desktop._CtrlActionRecentFiles"
             assemblyName="D:\Program Files\SuperMap\SuperMap Deskpro .NET\
               Bin\SuperMap.Desktop.Core.dll"
             style="text" image="" size="normal"
             screenTip="D:\Program Files\SuperMap\SuperMap Deskpro .NET\
                SampleData\City\Jingjin.udb" />
    </group>
  </recentFile>
```

4.5.4　桌面选项

SuperMap Deskpro .NET 应用程序中常用的操作选项、环境设置、对象编辑设置等，均可以在桌面选项中进行配置。默认桌面选项如图 4-49 所示。

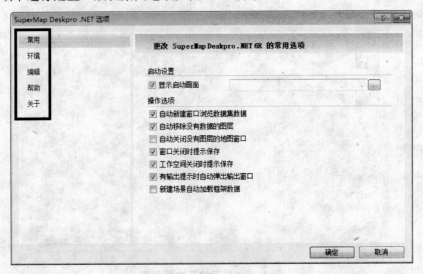

图 4-49　默认桌面选项

SuperMap.Desktop.Startup.xml 文件中如下所示的标签用于配置应用程序全局性的选项参数，即桌面选项。

```
<!--工作空间关闭时，是否提示保存-->
<worksapce closenotify="true" visoncheck="true"></worksapce>
<!--是否显示工具提示-->
<ribbon screenTipShow="true" />
<!--窗口的全局选项控制-->
<dataWindow autoNewWindow="true" autoRemoveEmptyLayer="true"
        autoCloseEmptyWindow="false"></dataWindow>
<!--有输出提示时，是否自动弹出输出窗口-->
<output autoPopUp="true"></output>
<!--新建场景时，是否自动加载框架数据-->
```

```
<addFrameData enabled="false"></addFrameData>
<!--新建场景的默认相机位置-->
<camera altitudeMode="RelativeToGround" altitude="6378152"
        longitude="108.69" latitude="36.05" heading="0" tilt="0"/>
<!--默认投影配置文件的路径-->
<projection default=""></projection>
<!--输出信息的级别, infomationLevel 只输出提示信息, debugLevel 输出异常信息和提示信息-->
<InfoLevel outputLevel="infomationLevel"></InfoLevel>
<!--字体设置-->
<ribbonFont name="微软雅黑" height="9"></ribbonFont>
<!--编辑回退设置-->
<edit rebackitemcountdefine="true" rebackitemcount="1000000"
     rebacktimesdefine="true" rebacktimes="1000" positiveselect="0"
     drawtype="0"></edit>
<!--最大可见节点数目-->
<maxVisibleVertex maxCount="3600000"></maxVisibleVertex>
<!--是否即时刷新专题图-->
<theme refresh="true"></theme>
<!--专题图数值框精度(小数点位数)-->
<precision DecimalPlaces="4"></precision>
```

下面详细介绍上述各个标签的具体内容。

<worksapce closenotify="..." visoncheck="..."></worksapce>用来设置工作空间的选项。

- closenotify：设置当用户关闭工作空间时，如果工作空间有未保存的内容，是否提示用户进行保存。true 表示进行提示；false 表示不进行提示，直接关闭工作空间，且不会保存工作空间中未保存的内容。

- visoncheck：是否对工作空间的版本进行检查。true 表示进行工作空间版本的检查，false表示不进行版本检查。

<ribbon screenTipShow="..." />用来控制是否显示功能区上控件的提示信息。其属性值为 true 或 false。true 表示显示控件的提示信息，即当鼠标停留在某个控件上时，将显示该控件的提示信息；false 表示不显示控件的提示信息。

<dataWindow autoNewWindow="..." autoRemoveEmptyLayer="..." autoCloseEmptyWindow="..."></dataWindow>用于控制窗口全局选项设置。

- autoNewWindow：用来控制当用户双击工作空间管理器中的数据集(非纯属性数据集)时，默认是新建一个地图窗口来显示这些数据集的空间数据，还是将这些数据集添加到当前地图窗口中显示。true 表示新建一个地图窗口显示数据，false 表示默认将数据添加到当前地图窗口中显示。

- autoRemoveEmptyLayer：用来设置当图层中没有数据存在时，是否自动移除该图层。true 表示自动移除空图层，false 表示不自动移除空图层。

- autoCloseEmptyWindow：用来设置窗口中没有任何内容时，是否自动关闭该窗口。true

表示自动关闭无内容的窗口，false 表示不自动关闭无内容的窗口。

<output autoPopUp="..."></output>用来设置当输出窗口中有新的信息输出时，是否自动显示已经隐藏的输出窗口。当为 true 时，表示自动弹出有新的输出信息的已经隐藏的输出窗口；为 false 时，表示不自动弹出已经隐藏的输出窗口。

<addFrameData enabled="..."></addFrameData>用来设置当新建场景窗口时，是否加载 SuperMap 所提供的全球框架数据到场景中。当为 true 时，表示加载框架数据；为 false 时，表示不加载框架数据。

<camera altitudeMode="..." altitude="..." longitude="..." latitude="..." heading="..." tilt="..."/>用来设置当新建场景窗口时默认的场景相机的位置。

- altitudeMode：设置场景默认的高度模式，有三种模式：绝对高度(Absolute)、相对地面(RelativeToGround)和贴地(ClampToGround)。

- altitude：相机的高度。

- longitude 和 latitude：相机的经纬度坐标。

- heading：相机的方位角。

- tilt：相机的俯仰角。

<projection default=""></projection>用来设置应用程序默认使用的投影配置文件的路径。

<InfoLevel outputLevel="..."></InfoLevel>用来设置应用程序的输出信息的级别。outputLevel 的属性值为 infomationLevel 或 debugLevel。当为 infomationLevel 时，表示只输出提示信息；为 debugLevel 时，输出异常信息和提示信息。

<ribbonFont name="..." height="..."></ribbonFont>用来设置应用程序界面所使用的字体和字号。

- name：应用程序界面字体的名称。

- height：应用程序界面字体的大小。

<edit rebackitemcountdefine="..." rebackitemcount="..." rebacktimesdefine="..." rebacktimes="..." positiveselect="..." reverseselect="..." drowtype="..."></edit>用来进行编辑回退的默认设置。

- rebackitemcountdefine：设置是否启用可回退最大对象个数的设置。true 表示启用，false 表示不启用。

- rebackitemcount：设置可回退最大对象个数。

- rebacktimesdefine：设置是否启用最大回退次数的设置。true 表示启用，false 表示不启用。

- rebacktimes：设置最大回退次数。

- positiveselect：设置默认的选择模式，该属性的值为 0、1 或 2。其中，0 表示包含质心，1 表示面积相交，2 表示包含对象。

- drawtype：设置对象绘制模式是精确绘制还是普通绘制，该属性的值为 0 或 1。其中，0 表示普通绘制模式，1 表示精确绘制模式。

<maxVisibleVertex maxCount="..."></maxVisibleVertex>用来设置当前窗口中的最大可见节点数目，默认值为 3600000。

<theme refresh="..."></theme>用来设置当修改专题图属性内容时是否实时刷新专题图，应用所做的修改。

<precision DecimalPlaces="..."></precision>用来设置专题图数值框精度，目前适用于设置分段专题图的分段数的精度，默认值为 4 ，即默认分段专题图的分段数数值框的精度为 4 位小数。

> **注意**　桌面选项中的设置为全局设置，当修改了某项的值之后，在整个应用系统中都是生效的。因此，建议谨慎修改，避免出现不必要的问题。

4.5.5　日志输出

SuperMap Deskpro .NET 桌面产品运行时的日志输出相关设置，除了在"桌面选项"中可以设置(如图 4-50 中矩形框所示)之外，也可通过全局配置文件(SuperMap.Desktop.Startup.xml)中的<log.../>标签来指定。

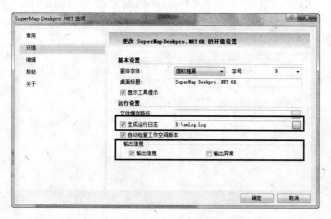

图 4-50　"桌面选项"中的日志设置

标签内容如下：

```
<!--日志-->
```

```
<log outputToLog="" logFolder=""/>
```

此标签有以下两个属性。

● outputToLog：用来指定异常信息是否输出到日志文件中。如果该属性值为 true，表示
  将异常信息输出到日志；如果为 false，异常信息将不写入日志。

● logFolder：用来指定日志文件所在的路径。

4.5.6 帮助系统

SuperMap Deskpro .NET 桌面产品提供了两种获取帮助的方式：联机帮助和本地帮助。

全局配置文件(SuperMap.Desktop.Startup.xml)中<help...></help>标签用来指定当用户按 F1
键时所获取的帮助方式。标签内容如下：

```
<!--帮助系统-->
<help type="" onlineAddress=""></help>
```

此标签有以下两个属性。

● type：该属性的值为 0、1、2 或 3。

 ◆ 0：表示先尝试获取联机帮助，如果联机帮助获取失败再使用本地帮助。

 ◆ 1：表示先获取本地帮助，如果本地不存在帮助文件，则获取联机帮助。

 ◆ 2：表示仅尝试获取本地帮助，而不使用联机帮助。

 ◆ 3：表示仅尝试获取联机帮助，而不使用本地帮助。

● onlineAddress：用来指定联机帮助文档所在的网络服务器的地址。

图 4-51 中所示为桌面选项中的帮助加载设置。

图 4-51 "桌面选项"中的帮助配置

4.6 本 章 小 结

本章主要介绍了如何编写 SuperMap Deskpro .NET 中的配置文件，具体包括工作环境配置、插件配置、界面元素配置以及其他全局要素的配置。其中，需要重点掌握的是界面元素的配置。

使用配置文件配置应用程序的界面元素，不仅可以减少用户花费在界面构建上的精力，还可以增强应用程序的可扩展性。

对于应用程序的界面元素配置，除了编写配置文件，也可以直接在 SuperMap Deskpro .NET 中使用"工作环境设计"操作实现，详情可以参考第 2 章。

如果希望学习更多的内容请阅读后面的章节。

- 通过几个插件的开发深入学习 SuperMap Deskpro .NET 的扩展开发，请阅读第 5 章。

- 学习启动开发，请阅读第 6 章。

- 学习成功的应用案例，请阅读第 7 章。

第 5 章 插 件 开 发

对于 SuperMap Deskpro .NET 的行业应用来讲，最重要的就是在充分利用 SuperMap Deskpro .NET 已有功能的基础上，如何把行业模型、行业需求集成到已有的框架中。要实现这个目标，就需要在 SuperMap Deskpro .NET 中进行二次开发和扩展。对于 SuperMap Deskpro .NET 的扩展，有很多种应用的模式：有些需要根据应用的流程，把现有功能进行重新组合，实现功能的"一步到位"；有些需要重新编写业务功能和流程，形成全新的行业应用。本章将在前一章界面配置的基础上(每一个功能首先都需要进行界面的设计和配置)，进一步介绍如何通过编写代码(界面配置不需要编写代码，只是对已有功能重新进行排列组合)来实现行业应用的定制和扩展。

本章主要内容：

- 如何开发一个全新的 SuperMap Deskpro .NET 插件，以"符号标绘"功能为例进行介绍，该插件在应急、军事等很多行业均会用到

- 如何在 SuperMap Deskpro .NET 已有功能基础上，组合出有特色的"三维鹰眼"功能，其中涉及各种窗口管理、窗口间通信等内容

- 如何把自己开发功能的帮助系统和 SuperMap Deskpro .NET 的帮助系统无缝集成在一起，包括帮助文档的配置、实时提示、快捷键的配置等方面的内容

> 本章示范程序可在配套光盘中找到(示范程序\第 5 章_插件开发)，书中列出的代码均可在示范程序里对应名称的代码文件中找到。SuperMap Deskpro .NET 和 SuperMap Objects .NET 开发的相关资料可从软件自带帮助文档中找到，或者登录超图公司技术资源中心(support.supermap.com.cn)访问在线手册，在线查看相关帮助信息。

5.1　插件开发准备

在 SuperMap Deskpro .NET 的安装包里，提供了基于 Visual Studio 的项目模板。基于该模板，可以轻松地生成一个插件开发的项目(如何使用模板在第 2 章中有相关介绍，另外，在软件自带的帮助文档中也有详细的说明)，但为了深入了解 SuperMap Deskpro .NET 的工作原理和机制，本节将从头介绍如何手动创建插件项目以及相关的功能类型。

5.1.1 新建插件项目

选择"文件"|"新建"|"项目",打开"新建项目"对话框,选择新建 C#语言"类库"类型的项目,如图 5-1 所示,项目名称改为 MyPlugin。

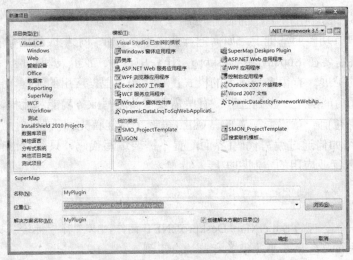

图 5-1 新建项目

创建项目后,需要通过"项目"|"添加引用"添加一些必需的引用库,包含.NET 的 System.Windows.Forms 系统库(如图 5-2 所示)、System.Drawing 系统库以及 SuperMap Deskpro .NET 安装目录 Bin 文件夹中的 SuperMap.Data.dll(数据管理相关功能程序集)、SuperMap.Mapping.dll(二维地图相关功能程序集)、SuperMap.Realspace.dll(三维地图相关功能程序集)、SuperMap.Desktop.Core.dll(SuperMap Deskpro .NET 基础功能程序集)4 个程序集的引用(如图 5-3 所示)。

图 5-2 添加系统程序集引用

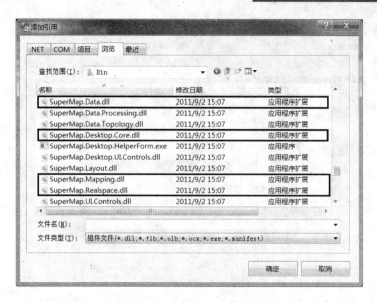

图 5-3　添加 GIS 功能程序集

项目新建之后，默认 CPU 目标平台是 Any CPU，此时编译出来的应用程序，在 32 位操作系统上会以 32 位的模式运行，在 64 位操作系统上，将以 64 位的模式运行。SuperMap Deskpro .NET 本身是 32 位的平台，二次开发的插件也必须是 32 位的，所以为了保证在不同类型(32 位、64 位)的操作系统上都能够顺利运行，需要修改项目编译的目标平台。调用管理编译设置的对话框("编译" | "配置管理器")，选择新建解决方案平台(如图 5-4 所示)，修改新的目标平台为 x86(如图 5-5 所示)。

下一步需要修改项目编译之后的输出路径(项目编译结果存放的地方，这样项目编译之后，自动会把结果复制到这里，就不用手动去复制相关的编译结果了)，这需要通过项目属性("项目" | "*XXX* 属性"，*XXX* 为项目名称，在这个范例中就是 MyPlugin)对话框的"生成"选项卡中的输出路径来进行设置(如图 5-6 所示)。

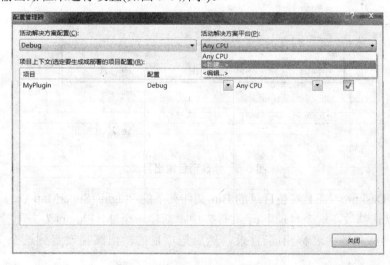

图 5-4　修改目标平台类型

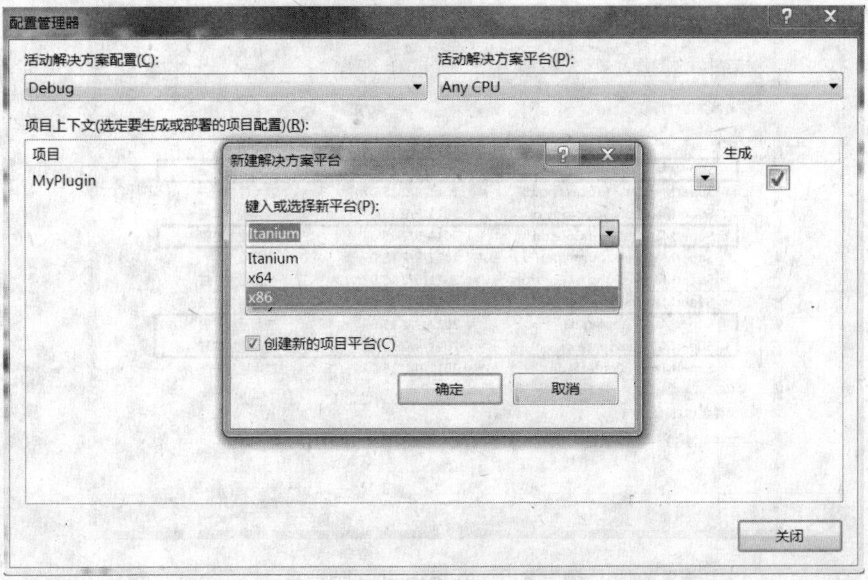

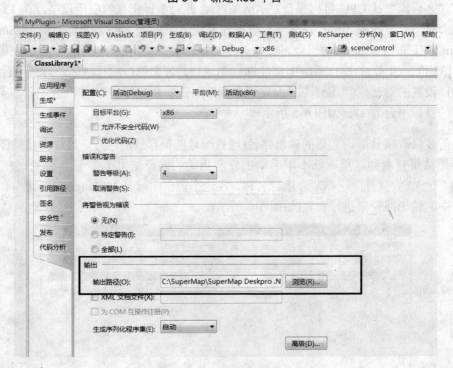

图 5-5　新建 x86 平台

图 5-6　修改项目输出目录

在 SuperMap Deskpro .NET 安装目录的 Bin 文件夹下的 Plugins(SuperMap Deskpro .NET 的所有插件，默认都放在这个目录下)子文件夹中，新建一个 MyPlugin(为方便管理和使用，建议文件夹名称和插件名称相同)目录，然后把项目的输出路径设定到这个文件夹下(如图 5-7 所示)。

图 5-7　选择项目输出路径

SuperMap Deskpro .NET 所有插件的加载都是通过配置文件来设置的(具体配置文件包含的内容请参见第 4 章)。这里需要新建一个文本类型("项目"|"添加新项")的文件 MyPlugin，并把扩展名改为 config(如图 5-8 所示，SuperMap Deskpro .NET 配置文件的扩展名均为 config)。配置文件中需要填写的具体内容详见后文。

图 5-8　新建配置文件

Visual Studio 中提供了编译成功后执行一些脚本的能力，可以在项目属性对话框的"生成事件"选项卡中设置(如图 5-9 所示)。这样可以在每次项目编译成功后，把配置文件自动复制到 SuperMap Deskpro .NET 存放配置文件的目录中(SuperMap Deskpro .NET 配置文件默认都存放在安装目录\WorkEnvironment\Default 文件夹下)，在这里使用 xcopy 命令来进行配置文件的复制。$(ProjectDir)和$(ProjectName)均是 Visual Studio 里默认的宏，可以在如

图 5-10 所示的对话框里查到其具体的含义。

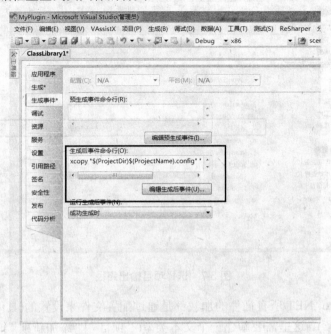

图 5-9 设置编译成功后运行脚本

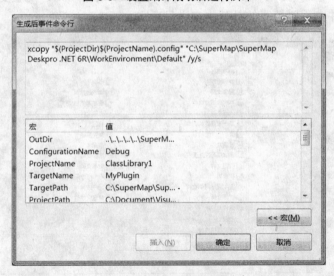

图 5-10 编写运行脚本

要能够调试该插件程序的代码，还需要设置启动程序。在项目属性对话框的"调试"选项卡中进行设置(如图 5-11 所示)，这里需要把项目启动外部程序设置为 SuperMap Deskpro .NET 的启动程序 SuperMap Deskpro .NET.exe(如图 5-12 所示，在 SuperMap Deskpro .NET 安装目录的 Bin 文件夹下)，这样程序调试时，Visual Studio 就可以自动启动 SuperMap Deskpro .NET 进行调试。

图 5-11　设置启动程序

图 5-12　选择具体启动程序

5.1.2　新建插件类型及启动配置

SuperMap Deskpro .NET 整个架构采用了插件模式进行搭建(类似 Java 里面著名的开源框架 Eclipse)，每个插件的启动都是从一个插件类开始的(插件类相关接口介绍参见第 4 章)。下面就开始手动建立一个插件的类型，然后自定义插件启动和退出时需要做的一些工作。新建项目之后，Visual Studio 默认会新建一个名为 Class1 的类型。在本例中，把文件名称修改为 PluginClass.cs，同时修改类型名称为 PluginClass(如图 5-13 所示)。

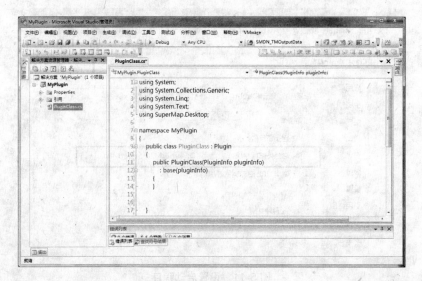

图 5-13　修改类型名称

下面开始添加与插件相关的代码。首先添加引用"SuperMap.Desktop"的代码，添加对插件基类 Plugin 的继承，然后修改构造函数。为了能够处理插件启动和退出时的事件，需要重载基类 Plugin 的两个方法 Initialize 和 ExitInstance。插件被加载的时候，系统会调用 Initialize 方法，退出时调用 ExitInstance 方法，这样就可以根据需要，分别在两个方法里面添加相应的代码。范例代码如下：

```csharp
using System;
using System.Collections.Generic;
using System.Linq;
using System.Text;

//添加对 SuperMap Deskpro .NET 命名空间的引用
using SuperMap.Desktop;

namespace MyPlugin
{
    //添加对 Plugin 的继承
    public class PluginClass : Plugin
    {
        //添加默认构造函数
        public PluginClass(PluginInfo pluginInfo)
            : base(pluginInfo)
        {

        }

        //重载加载时的处理方法
        public override bool Initialize()
        {
            return base.Initialize();
        }
```

```
//重载退出时的处理方法
public override bool ExitInstance()
{
    return base.ExitInstance();
}
    }
}
```

现在需要在之前建立好的配置文件 MyPlugin.config 中添加关于该插件的配置信息。例如 runtime 节点的 assemblyName 属性，需要设置为 SuperMap Deskpro .NET 运行程序(SuperMap Deskpro .NET.exe)的相对路径或者磁盘上的绝对路径；className 指向插件类型名称(包含命名空间在内的类型全名，在范例中就是 MyPlugin.PluginClass，不能只写 PluginClass)。具体配置文件中关于插件启动有哪些节点以及每个节点含义的内容，请参见第 4 章。范例配置文件内容如下：

```
<?xml version="1.0" encoding="utf-8"?>
<plugin xmlns="http://www.supermap.com.cn/desktop"
      name="MyPlugin" author="SuperMap GIS"
      url="www.supermap.com.cn" description="MyPlugin">
  <runtime assemblyName="./Plugins/MyPlugin/MyPlugin.dll"
        className="MyPlugin.PluginClass" loadOrder="5" />
</plugin>
```

5.1.3　新建功能类型

本节将介绍如何手动建立一个功能类型并与 Ribbon 界面进行关联。同新建一个插件类型的步骤类似，先添加一个"类"，命名为_CtrlActionPlot(如图 5-14 所示)。

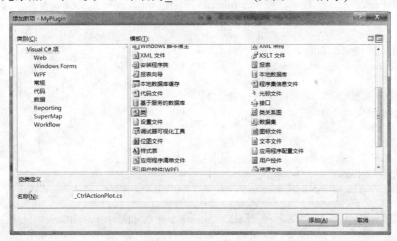

图 5-14　新建功能类型

添加功能类型代码与添加插件类型代码类似，也需要添加对 SuperMap.Desktop、

SuperMap.Data、SuperMap.UI 和 SuperMap.Mapping 的引用，然后添加对功能处理类型 CtrlAction 的继承，修改构造函数，同时重载 Run、Enable 和 Check 三个方法。范例代码如下：

```
using System;
using System.Collections.Generic;
using System.Linq;
using System.Text;
using SuperMap.Desktop;
using SuperMap.Data;
using SuperMap.UI;
using SuperMap.Mapping;
using System.Drawing;
using System.Windows.Forms;
using System.Xml;
using System.IO;

namespace MyPlugin
{
    class _CtrlActionPlot : CtrlAction
    {
        public _CtrlActionPlot(IBaseItem caller, IForm formClass)
            : base(caller, formClass)
        {
        }

//标示是否在进行符号的标绘
        private Boolean m_isDrawPlot = false;

        //运行代码，弹出一个消息框
        public override void Run()
        {
            System.Windows.Forms.MessageBox.Show("_CtrlActionPlot Run");
        }

        //判断对应控件是否可用
        public override bool Enable()
        {
            //必须在有地图窗口的时候该按钮才能使用
            Boolean enable = (MapControl != null);
            return enable;
        }

        //判断对应控件状态
        public override System.Windows.Forms.CheckState Check()
        {
            return m_isDrawPlot ? System.Windows.Forms.CheckState.Checked :
                        System.Windows.Forms.CheckState.Unchecked;
        }
    }
}
```

接下来我们将功能代码和一个按钮进行关联，这需要在插件配置文件中添加与界面相关的
配置内容。具体每种类型的控件如何配置，请参见第 4 章相关内容。比较关键的项
assemblyName 和 onAction 需要设置为正确的值。范例配置文件内容如下：

```xml
<?xml version="1.0" encoding="utf-8"?>
<plugin xmlns="http://www.supermap.com.cn/desktop"
      name="MyPlugin" author="SuperMap GIS"
      url="www.supermap.com.cn" description="MyPlugin">
  <runtime assemblyName="./Plugins/MyPlugin/MyPlugin.dll"
        className="MyPlugin.PluginClass" loadOrder="5" />
  <toolbox>
   <ribbon>
    <tabs>
     <tab index="0" id="Home" label="开始" formClass="" visible="">
       <group index="100" id="MyPlugin" label="MyPlugin"
            layoutStyle="vertical" visible="">

         <button index="" label="符号标绘"
              assemblyName="./Plugins/MyPlugin/MyPlugin.dll"
              onAction="MyPlugin._CtrlActionPlot"
              visible="" checkState=""  image=""
              size="large" showLabel="" showImage=""
              screenTip="" shortcutKey="" />

       </group>
     </tab>
    </tabs>
   </ribbon>
  </toolbox>
</plugin>
```

> 界面按钮配置信息，包括和功能类型的关联信息等

至此，我们完成了插件项目的建立以及相关的准备工作。编译运行项目后，单击"符号标
绘"按钮后，会弹出一个消息框，如图 5-15 所示。从下一节开始，我们将以符号标绘为例
来讲解如何进行 SuperMap Deskpro .NET 扩展功能的开发。

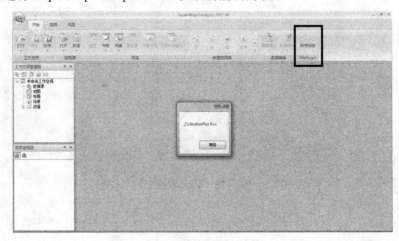

图 5-15　项目启动效果

5.2 符号标绘

动态符号标绘在军事、应急指挥等很多方面都有比较广泛的应用。在纸图的年代，标绘工作都是通过手动的方式来实现的。在各种战争题材影视剧中，经常会见到标着各种箭头、集结地等符号的地图。在本节中，我们将通过扩展开发在 SuperMap Deskpro .NET 中实现电子化的符号标绘功能。

> 在开发过程中会使用到 SuperMap Objects .NET 的相关功能和接口，SuperMap Objects .NET 的安装包位于本书配套光盘\软件安装包目录。请先安装该软件，以便获取软件提供的类库。

5.2.1 实现思路及流程

符号标绘的一般实现思路都是通过几个控制点来计算出符号。除了绘制符号，还需要能够修改已经绘制好的符号，这是通过修改控制点实现的。为了实现起来更加简单，本范例中采用两个复合数据集来分别存储控制点和根据控制点计算出来的符号。在本范例中，新建的 UDB 数据源名称为 Plot，控制点数据集名称为 ControlPoint，存储计算出来符号的数据集名称为 PlotMarker。为了解决控制点和标绘符号之间的关联问题，为数据集 ControlPoint 和 PlotMarker 分别新建一个文本类型的字段 GUID(如图 5-16 所示)，关联的对象之间都存储一个相同的值，供修改、删除等操作使用。

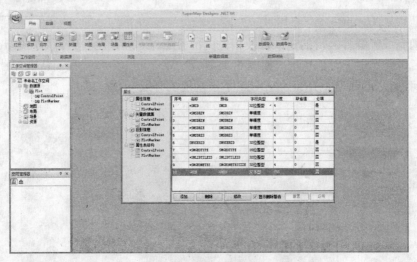

图 5-16 创建字段

新建数据完成之后，需要把数据添加到地图窗口中，并把控制点图层设为可编辑，保存为地图 plot，并保存工作空间(新建地图及相关操作，请参见 SuperMap Deskpro .NET 帮助文档或相关演示录像)，如图 5-17 所示。

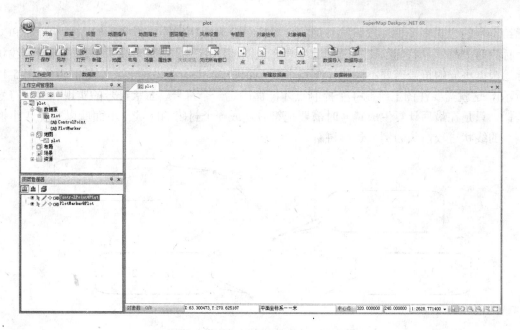

图 5-17　新建地图

 上文所述示范数据在本书配套光盘中已经提供，位于配套光盘\示范程序\第 5 章_插件开发\data 目录中，读者可以在 SuperMap Deskpro .NET 中通过打开工作空间的操作将该套数据打开。

实现符号标绘的总体流程如图 5-18 所示。先绘制控制点，并设置控制点的属性(前面提到的 GUID 值，用于和符号关联)，然后存储到数据集 ControlPoint 中。根据符号的不同，需要的控制点个数也不同。如果达到了需要的控制点个数，就结束控制点的绘制，根据一定的算法生成标绘符号，设置相关属性，并存储到数据集 PlotMarker 中。这样就完成了一个符号的绘制。

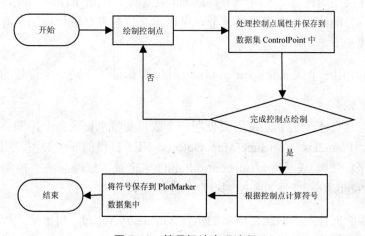

图 5-18　符号标绘实现流程

标绘符号的方式有多种，按照符号形状可以简单分为点状标绘、线状标绘、面状标绘和文字标绘等类型。点状标绘比较简单，用户在地图上单击一个点就完成了符号的标绘。线状标绘根据不同的符号需要不同的控制点个数，如进攻箭头符号就需要 4 个控制点(如图 5-19 所示)，这就需要在图上绘制 4 个控制点才能够确定一个符号。面状符号的实现和线状符号类似，只是在最后计算生成符号时需要把符号连成一个封闭的区域。下面就以实现 4 个控制点的线状进攻箭头为例来进行讲解。

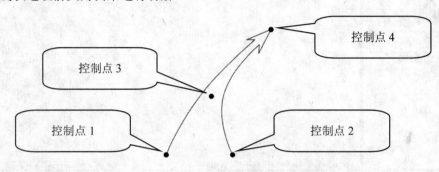

图 5-19　4 个控制点的进攻箭头符号

5.2.2　绘制控制点

绘制控制点的时候，可以充分利用 SuperMap Objects .NET 本身提供的编辑功能来实现。SuperMap Objects .NET 提供基本的点、线、面、文本等对象的编辑功能(具体的接口情况可参考 SuperMap Objects .NET 帮助文档或相关资料)。绘制控制点时，我们只需要用到点的添加功能，然后设置地图控件对象(MapControl)的 TrackMode 和 Action 两个属性值即可。对代码的实现思路说明如下。

(1) 为了标识当前是否在进行绘制控制点的工作，需要用一个成员变量来记录状态。本例只标绘一种类型的符号，使用一个 Boolean 类型的变量(m_isDrawPlot)即可。如果需要实现多种符号的绘制，并且需要区分，可以定义枚举类型进行标识，有兴趣的读者可以自行实现一下。

(2) GUID 需要使用一个成员变量(m_guid)来存储，以保证属于同一个符号的控制点有相同的值。

(3) 进攻箭头符号有 4 个控制点，需要使用一个成员变量来记录各个控制点的信息。这里采用了一个 Point2Ds 类型(SuperMap Objects .NET 提供的一个类型，用来存储 double 类型的点坐标数组)成员变量(m_controlPoints)来记录，每绘制一个控制点，就添加到 m_controlPoints 中，直到 4 个控制点全部绘制完成。

(4) 最后，需要响应控制点添加完成后的事件 GeometryAdded，用于修改控制点的显示风格以及相关属性信息的设置。

在_CtrlActionPlot 的 Run()中实现上述步骤，具体代码如下：

```
//保存绘制出来的控制点，用于计算标绘符号时使用
private Point2Ds m_controlPoints = new Point2Ds();
//标示是否在进行符号的标绘
private Boolean m_isDrawPlot = false;
//存储控制点的 GUID
private Guid m_guid = Guid.NewGuid();

//得到当前地图窗口对象
public MapControl MapControl
{
    get
    {
     MapControl mapControl = null;

     try
     {
        mapControl = (SuperMap.Desktop.Application.ActiveForm as IFormMap).MapControl;
     }
     catch
     {

     }

     return mapControl;
    }
}
public override void Run()
{
    try
    {
        //控制是否编辑状态
        m_isDrawPlot = !m_isDrawPlot;
        //清空控制点
        m_controlPoints.Clear();

        //开始标绘状态
        if (m_isDrawPlot)
        {
            //修改地图的编辑状态
            MapControl.TrackMode = TrackMode.Edit;
            MapControl.Action = SuperMap.UI.Action.CreatePoint;

            //需要处理控制点添加之后的事件
            MapControl.GeometryAdded += new GeometryEventHandler( MapControl_GeometryAdded);
        }
        //结束标绘状态
        else
        {
            //恢复地图到选择状态
```

```
                MapControl.Action = SuperMap.UI.Action.Select2;

                //需要移除对点添加事件的响应
                MapControl.GeometryAdded -= new GeometryEventHandler(MapControl_GeometryAdded);
            }
        }
        catch
        {
        }
    }
```

每当一个点在地图上添加完成之后，就会触发 GeometryAdded 事件。在 GeometryAdded 事件中，需要做两件主要的工作：第一，修改刚添加的控制点的属性信息并保存控制点；第二，在控制点达到 4 个时，开始生成标绘符号。实现思路如图 5-20 所示。

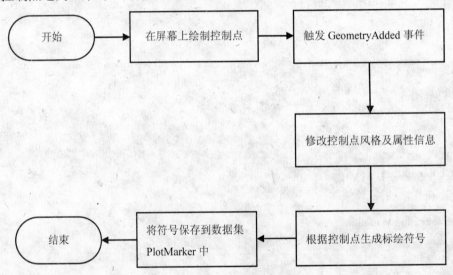

图 5-20　GeometryAdded 事件代码实现流程

为了便于大家理解代码，这里对代码的实现思路做如下说明。

(1)　通过控制点的 ID，查询出已经添加到数据集中的控制点对象。

(2)　修改控制点对象的显示风格，包括大小、风格，同时修改控制点属性信息(GUID)。

(3)　提交修改结果，并释放相关变量。

(4)　如果控制点已经达到 4 个，则根据控制点生成标绘符号，并修改标绘符号的风格及相关属性信息。

(5)　更新地图显示，并重新初始化相关变量。

其中，第(4)和(5)步关于生成标绘符号的思路及代码将在 5.2.3 节中详细介绍，这里仅介绍生成控制点的步骤。

在 _CtrlActionPlot.cs 中添加 GeometryAdded 事件代码。

```
void MapControl_GeometryAdded(object sender, GeometryEventArgs e)
{
    if (m_isDrawPlot)
    {
        //新添加控制点的 ID
        Int32 controlID = e.ID;

        //得到控制点数据集
        Layer layer = MapControl.Map.Layers["ControlPoint@plot"];
        DatasetVector controlPoint = layer.Dataset as DatasetVector;

        //查询出控制点对象，并修改字段属性
        Recordset recordset = controlPoint.Query(new Int32[] { controlID },
                                         CursorType.Dynamic);
        GeoPoint point = recordset.GetGeometry() as GeoPoint;
        m_controlPoints.Add(point.InnerPoint);

        //开始记录集的编辑操作
        recordset.Edit();

        //修改控制点显示的风格
        point.Style = new GeoStyle();
        point.Style.MarkerSize = new Size2D(8, 8);

        //修改几何对象和字段值
        recordset.SetGeometry(point);
        recordset.SetFieldValue(@"GUID", m_guid.ToString());

        //提交修改的数据
        recordset.Update();

        //使用完记录集对象后，一定记得释放
        recordset.Dispose();
    }
}
```

单击 VS 2008 工具栏中的运行按钮 ▶，对绘制控制点的代码进行调试。在编译成功后会自动启动 SuperMap Deskpro .NET 程序。如图 5-21 所示，首先，打开示例数据，即在"开始"选项卡中单击"工作空间"组中的"打开"按钮，选择本书配套光盘\示范程序\第 5 章_插件开发\data\plot.smwu 文件。其次，打开示例数据中的地图 plot。最后，单击"开始"选项卡中的"符号标绘"按钮，然后用鼠标在 plot 地图窗口中绘制控制点，可以看到控制点以黑色圆点符号的形式显示在地图上。

由于本章只是展示开发的过程以及相关的思路，并不是做一个完善的产品，所以在实现过程中没有对一些异常情况进行容错处理，例如在用户绘制过程中，没有达到 4 个控制点就取消绘制的容错处理等。这些容错的处理，有兴趣的读者可以自行实现。

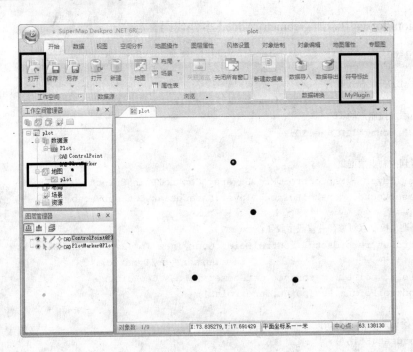

图 5-21　调试绘制点的程序

5.2.3　生成标绘符号

标绘符号的生成，主要是根据绘制的控制点生成其他相关控制点，然后由这些控制点来模拟出箭头和边线。本节将详细介绍各控制点的生成算法。

手动绘制的控制点分别标识为 P1、P2、P3、P4，如图 5-22 和图 5-23 所示。生成其他相关控制点的算法步骤如下。

(1) 连接 P1 和 P2，取其中点 P9，过 P9、P3、P4 拟合一条曲线作为进攻符号的中轴线。

(2) 确定箭头的控制点 P5 和 P6。取距离 P4 为中轴线长度 1/6 的点为 P13(取点的比例可根据需要进行调整)，过 P13 做中轴线的垂线，与从 P4 引出的一条与中轴线顺时针夹角为 20 度(夹角的度数也可以根据需要进行调整，夹角大，箭头就比较粗，反之就会显得细一些)的直线的交点即为 P5。同理做一条与中轴线逆时针夹角为 20 度的直线，交点即为 P6。

(3) 确定箭头的控制点 P7 和 P8。取距离 P4 为中轴线长度 1/8 的点为 P12(取点的比例可根据需要进行调整)。同样用得到 P5、P6 的方式可以得到 P7、P8，在此，从 P4 引出的线与中轴线的夹角变为 10 度。

(4) 确定控制点 P10 和 P11。过 P3 做与 P1、P2 连线平行的线 Line3，按照 P3 和 P4 的连线与 P3、P4、P9 连线的比例，确定 Line3 中 P10 和 P11 的位置(具体比例关系参见后文代码)。

(5) 分别连接 P4、P5、P7，P4、P6、P8，得到箭头头部；分别过 P7、P10、P1，P8、P11、P2，拟合两条曲线，得到箭头的尾部。这样整个进攻标绘符号就完成了。

(6) 如果对符号不满意，还可以通过调整 P1、P2、P3、P4 这 4 个控制点来对符号进行改变，直到满足需要，具体的实现将在后文中介绍。

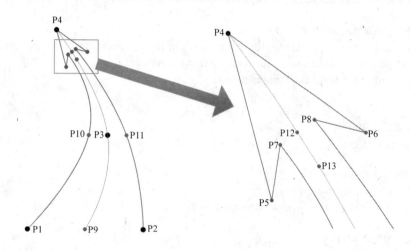

图 5-22　标绘符号控制点的生成

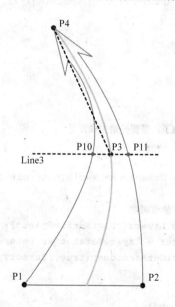

图 5-23　控制点 P10、P11 的生成

在_CtrlActionPlot.cs 中的 GeometryAdded 事件中添加如下代码(加粗部分)，实现的功能是在绘制控制点达到 4 个时生成标绘符号，并修改标绘符号的风格及相关属性信息。

```
void MapControl_GeometryAdded(object sender, GeometryEventArgs e)
{
    if (m_isDrawPlot)
    {
```

```
//新添加控制点的 ID
Int32 controlID = e.ID;

//得到控制点数据集
Layer layer = MapControl.Map.Layers["ControlPoint@plot"];
DatasetVector controlPoint = layer.Dataset as DatasetVector;

//查询出控制点对象，并修改字段属性
Recordset recordset = controlPoint.Query(new Int32[] {controlID },CursorType.Dynamic);
GeoPoint point = recordset.GetGeometry() as GeoPoint;
m_controlPoints.Add(point.InnerPoint);


//开始记录集的编辑操作
recordset.Edit();

//修改控制点显示的风格
point.Style = new GeoStyle();
point.Style.MarkerSize = new Size2D(8, 8);

//修改几何对象和字段值
recordset.SetGeometry(point);
recordset.SetFieldValue(@"GUID", m_guid.ToString());

//提交修改的数据
recordset.Update();

//使用完记录集对象后，一定记得释放
recordset.Dispose();

//如果已经达到需要的控制点个数了，需要开始生成符号
if (m_controlPoints.Count == 4)
{
    GeoCompound compound = MakePlotMarker(m_controlPoints);

    //添加标绘对象到数据集中并修改属性
    layer = MapControl.Map.Layers["PlotMarker@plot"];
    DatasetVector plotMarker = layer.Dataset as DatasetVector;
    recordset = plotMarker.GetRecordset(true, CursorType.Dynamic);

    //添加标绘符号
    recordset.AddNew(compound);
    recordset.SetFieldValue(@"GUID", m_guid.ToString());
    recordset.Update();
    recordset.Dispose();

    //重新生成一个 GUID，用于下一个标绘对象
    m_guid = Guid.NewGuid();

    //刷新地图，显示添加的符号对象
    MapControl.Map.Refresh();
```

```
        m_controlPoints.Clear();
    }
}
}
public GeoCompound MakePlotMarker(Point2Ds controlPoints)
{
    //得到 4 个控制点
    Point2D p1 = controlPoints[0];
    Point2D p2 = controlPoints[1];
    Point2D p3 = controlPoints[2];
    Point2D p4 = controlPoints[3];

    //最后的标绘符号使用一个复合对象存储
    GeoCompound compound = new GeoCompound();

    GeoStyle style = new GeoStyle();
    style.LineSymbolID = 0;
    style.LineWidth = 0.8;
    style.LineColor = System.Drawing.Color.Red;

    //箭头符号的计算角度、控制比例等参数
    double arrowAngle = 20.0;
    double controlRatio = 0.3;

    //计算并得到中轴线
    Point2D p9 = new Point2D((p1.X + p2.X) / 2.0, (p1.Y + p2.Y) / 2.0);
    GeoCardinal cardinalMiddle = new GeoCardinal();
    cardinalMiddle.ControlPoints = new Point2Ds(new Point2D[] { p9, p3, p4 });
    GeoLine lineMiddle = cardinalMiddle.ConvertToLine(12);

    //计算箭头的控制点
    double length = lineMiddle.Length;
    Point2D p13 = lineMiddle.FindPointOnLineByDistance(5.0 * length / 6.0);
    Point2D p12 = lineMiddle.FindPointOnLineByDistance(7.0 * length / 8.0);

    //确定 P5、P6
    GeoLine l1 = new GeoLine(new Point2Ds(new Point2D[] { p13, p4 }));
    GeoLine l2 = new GeoLine(new Point2Ds(new Point2D[] { p4, p13 }));

    l1.Rotate(p13, 90);
    l2.Rotate(p4, -arrowAngle);
    Point2D p5 = Geometrist.IntersectLine(l1[0][0], l1[0][1],
                     l2[0][0], l2[0][1], true);

    l1.Rotate(p13, -180);
    l2.Rotate(p4, 2 * arrowAngle);
    Point2D p6 = Geometrist.IntersectLine(l1[0][0], l1[0][1],
                     l2[0][0], l2[0][1], true);

    //确定 P7、P8
    GeoLine l3 = new GeoLine(new Point2Ds(new Point2D[] { p12, p4 }));
```

```
GeoLine 14 = new GeoLine(new Point2Ds(new Point2D[] { p4, p12 }));

l3.Rotate(p12, 90);
l4.Rotate(p4, -arrowAngle / 2.0);
Point2D p7 = Geometrist.IntersectLine(l3[0][0], l3[0][1],
                    l4[0][0], l4[0][1], true);

l3.Rotate(p12, -180);
l4.Rotate(p4, arrowAngle);
Point2D p8 = Geometrist.IntersectLine(l3[0][0], l3[0][1],
                    l4[0][0], l4[0][1], true);
```

```
//可能出现一些特殊情况，导致控制点为非法点
if (!p5.IsEmpty && !p6.IsEmpty && !p7.IsEmpty && !p8.IsEmpty)
{
    //连接几个控制点，形成箭头
    GeoLine 145 = new GeoLine(new Point2Ds(new Point2D[] { p4, p5 }));
    GeoLine 146 = new GeoLine(new Point2Ds(new Point2D[] { p4, p6 }));
    GeoLine 157 = new GeoLine(new Point2Ds(new Point2D[] { p5, p7 }));
    GeoLine 168 = new GeoLine(new Point2Ds(new Point2D[] { p6, p8 }));

    145.Style = style;
    146.Style = style;
    157.Style = style;
    168.Style = style;

    compound.AddPart(145);
    compound.AddPart(146);
    compound.AddPart(157);
    compound.AddPart(168);

    //确定两边的边线，首先计算控制点，然后通过计算得出两边的边线
    GeoLine 134 = new GeoLine(new Point2Ds(new Point2D[] { p3, p4 }));
    GeoLine 112 = new GeoLine(new Point2Ds(new Point2D[] { p1, p2 }));

    double length34 = 134.Length;
    double ratio = length34 / length;

    GeoLine line = Geometrist.ComputePerpendicular(p3, p1, p2);
    line.Rotate(p3, 90);
    Point2D p11 = line.FindPointOnLineByDistance(ratio *
                        controlRatio *
                        112.Length);

    line.Rotate(p3, 180);
    Point2D p10 = line.FindPointOnLineByDistance(ratio *
                        controlRatio *
                        112.Length);
```

//根据控制点生成边线，控制点不能连接反了，需要判断一下
```
```

```
        GeoCardinal c1 = new GeoCardinal();
        GeoCardinal c2 = new GeoCardinal();

        c1.ControlPoints = new Point2Ds(new Point2D[] { p2, p11, p8 });
        c2.ControlPoints = new Point2Ds(new Point2D[] { p1, p10, p7 });

        Point2D[] points = Geometrist.IntersectPolyLine(c1.ConvertToLine(12)[0],
                             c2.ConvertToLine(12)[0]);
        if (points != null && points.Length > 0)
        {
            c1.ControlPoints = new Point2Ds(new Point2D[] { p1, p11, p8 });
            c2.ControlPoints = new Point2Ds(new Point2D[] { p2, p10, p7 });
        }
        c1.Style = style;
        c2.Style = style;
        compound.AddPart(c1);
        compound.AddPart(c2);
    }
    return compound;
}
```

单击 VS 2008 工具栏中的运行按钮 ▶ ，对生成标绘符号的代码进行调试。在编译成功后会
自动启动 SuperMap Deskpro .NET 程序。依次打开示范数据 plot.smwu 工作空间，打开地图
plot。单击 "开始" 选项卡中的 "符号标绘" 按钮，然后用鼠标在 plot 地图窗口中绘制控制
点。可以看到绘制完成 4 个控制点以后会自动生成一个标绘符号，如图 5-24 所示。

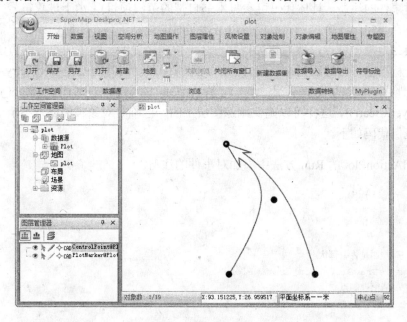

图 5-24　生成标绘符号

5.2.4　实时标绘的实现

为了更加直观地看到在绘制符号过程中符号的变化情况，我们可以加上实时标绘的功能，即鼠标在移动过程中，可以实时绘制出符号来，这样可以根据需要选择合适的控制点。具体实现思路如图 5-25 所示。

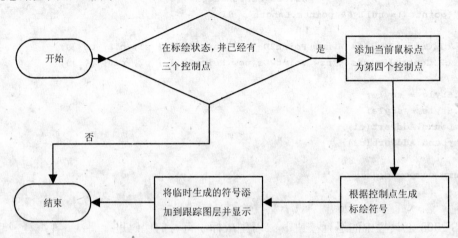

图 5-25　实时标绘实现思路

实现实时标绘，就需要响应地图控件的 MouseMove 事件(需要在_CtrlActionPlot 的 Run 方法中添加对事件的注册，具体代码可参见本书自带的范例项目)。由于进攻符号需要四个点才能构成，在画完第三个控制点时就可以开始实时的绘制了。在实时标绘时，需要把屏幕坐标点转换为地理坐标点，然后作为控制点之一传到之前编写的生成符号的方法中，就可以得到一个标绘符号，然后把这个符号添加到跟踪图层。同时需要在 GeometryAdded 事件最后进行地图刷新的代码前添加一句清除跟踪图层内容的代码(MapControl.Map.TrackingLayer.Clear())，这样可以确保跟踪图层上的一些临时对象被清除，不至于影响符号的显示。范例代码如下。

(1)　在_CtrlActionPlot 的 Run 方法中添加对事件的注册。

```
public override void Run()
{
    try
    {
        //控制是否编辑状态
        m_isDrawPlot = !m_isDrawPlot;
        //清空控制点
        m_controlPoints.Clear();

        //开始标绘状态
        if (m_isDrawPlot)
        {
            //修改地图的编辑状态
```

```
MapControl.TrackMode = TrackMode.Edit;
MapControl.Action = SuperMap.UI.Action.CreatePoint;

//需要处理控制点添加之后的事件
MapControl.GeometryAdded += new GeometryEventHandler(
                    MapControl_GeometryAdded);

//处理鼠标移动时的事件
MapControl.MouseMove += new System.Windows.Forms.MouseEventHandler(
                    MapControl_MouseMove);
}
//结束标绘状态
else
{
    //恢复地图到选择状态
    MapControl.Action = SuperMap.UI.Action.Select2;

    //需要移除对点添加事件的响应
    MapControl.GeometryAdded -= new GeometryEventHandler(
                        MapControl_GeometryAdded);

    //移除对鼠标移动响应的事件
    MapControl.MouseMove -= new System.Windows.Forms.MouseEventHandler(
                        MapControl_MouseMove);
}
}
catch
{
}
}
```

(2) 添加响应地图控件的 MouseMove 事件，实现实时标绘。

```
void MapControl_MouseMove(object sender, MouseEventArgs e)
{
    try
    {
        //只有在处于绘制状态并且已经有三个控制点时，才开始实时标绘
        if (m_isDrawPlot && m_controlPoints.Count == 3)
        {
            //生成一个临时的控制点数组对象
            Point2Ds points = new Point2Ds(m_controlPoints);
            points.Add(MapControl.Map.PixelToMap(new Point(e.X, e.Y)));

            GeoCompound compound = MakePlotMarker(points);

            //把符号添加到跟踪图层中
            MapControl.Map.TrackingLayer.Clear();
            MapControl.Map.TrackingLayer.Add(compound, String.Empty);
            MapControl.Map.Refresh();
        }
```

```
    }
    catch
    {
    }
}
```

(3) 在 GeometryAdded 事件中的 MapControl.Map.Refresh()之前添加清除跟踪图层的代码。

```
// 清除跟踪图层
MapControl.Map.TrackingLayer.Clear();
//刷新地图，显示添加的符号对象
MapControl.Map.Refresh();
m_controlPoints.Clear();
```

单击 VS 2008 工具栏中的运行按钮 ▶，对生成标绘符号的代码进行调试。鼠标在 plot 地图窗口中绘制第 3 个控制点以后，可以看到随着鼠标移动会实时显示标绘符号，在第 4 个控制点的位置单击，完成标绘符号的绘制，如图 5-26 所示。

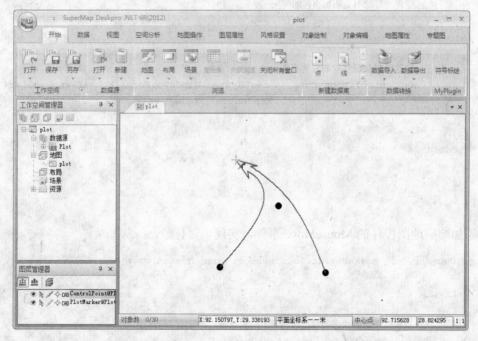

图 5-26　生成实时标绘符号

> **注意**　跟踪图层是 SuperMap Objects .NET 中的一个概念，相当于一个临时图层，里面显示的数据不会被保存。更详细的关于跟踪图层的内容，请参见 SuperMap Objects .NET 帮助文档或相关资料。

5.2.5　编辑符号的实现

符号的编辑涉及很多方面，如修改控制点、修改符号风格等。本节将介绍如何实现对控制点的修改以及在修改控制点时实时看到修改结果，其他方面的修改将不做介绍，请读者自行实现。

修改控制点也需要使用 SuperMap Objects .NET 提供的关于编辑点数据的功能。在几何对象修改之后，MapControl 对象会触发 GeometryModified 事件。通过这个事件，可以得到修改后的控制点信息，并根据修改后的信息重新生成标绘符号，从而达到修改符号的目的。实现思路如图 5-27 所示。

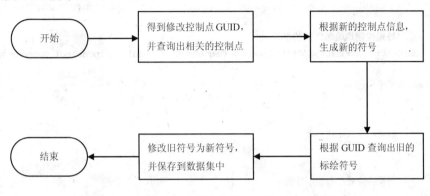

图 5-27　修改符号实现思路

> **注意**　a. 关于控制点的顺序问题。控制点的顺序与绘制时的顺序一致，存储的时候也按照这个顺序存储到数据集中，所以查询出的数据的顺序就是控制点的顺序。如果手动编辑过控制点数据的一些信息，这个方式可能会有一些问题。如果希望容错性更强，可以考虑为控制点数据集增加一个字段，用来存储控制点的顺序，这样可以根据字段的信息来保证控制点的顺序。
>
> b. 控制点的类型问题。本范例中只做一种符号的标绘，如果需要做很多种符号的标绘，需要对控制点进行类型的标识，这时可以考虑增加一个字段来保存该控制点是属于哪种符号的控制点。
>
> c. 修改符号的时候，采用了默认的符号风格，没有保留原符号的风格。如果开发实际应用时，这个功能肯定是需要的，代码实现参见 5.2.2 节。

修改符号的实现代码如下。

(1) 在_CtrlActionPlot 的 Run 方法中添加对事件的注册。

```
public override void Run()
{
    try
    {
    //控制是否编辑状态
    m_isDrawPlot = !m_isDrawPlot;
    //清空控制点
    m_controlPoints.Clear();

    //开始标绘状态
```

```
        if (m_isDrawPlot)
        {
            //修改地图的编辑状态
            MapControl.TrackMode = TrackMode.Edit;
            MapControl.Action = SuperMap.UI.Action.CreatePoint;
            //需要处理控制点添加之后的事件
            MapControl.GeometryAdded += new GeometryEventHandler(MapControl_GeometryAdded);
            //处理鼠标移动时的事件
            MapControl.MouseMove += new System.Windows.Forms.MouseEventHandler(MapControl_MouseMove);

            //处理控制点编辑之后的事件
            MapControl.GeometryModified += new GeometryEventHandler(MapControl_GeometryModified);
        }
        //结束标绘状态
        else
        {
            //恢复地图到选择状态
            MapControl.Action = SuperMap.UI.Action.Select2;

            //需要移除对点添加事件的响应
            MapControl.GeometryAdded -= new GeometryEventHandler(MapControl_GeometryAdded);

            //移除对鼠标移动响应的事件
            MapControl.MouseMove -= new System.Windows.Forms.MouseEventHandler(MapControl_MouseMove);

            //移除对控制点编辑事件的响应
            MapControl.GeometryModified -= new GeometryEventHandler(MapControl_GeometryModified);
        }
    }
    catch
    {
    }
}
```

(2) 添加 GeometryModified 事件，实现修改符号的目的。

```
void MapControl_GeometryModified(object sender, GeometryEventArgs e)
{
    try
    {
        if (m_isDrawPlot)
        {
            //当前编辑的控制点 ID
            Int32 controlID = e.ID;

            //得到控制点数据集
            Layer layer = MapControl.Map.Layers["ControlPoint@plot"];
            DatasetVector controlPoint = layer.Dataset as DatasetVector;

            Recordset recordset = controlPoint.Query("SmID = " +
                                                controlID.ToString(),
```

```
                                    CursorType.Static);

    //得到控制点的 GUID 值，便于查询出与之关联的其他控制点和标绘符号
    String guid = recordset.GetFieldValue(@"GUID").ToString();
    recordset.Dispose();

    //查询其他相关控制点，默认以添加点的顺序作为控制点的顺序
    //如果想做得更加完美，可以考虑增加一个字段，用来存储控制点的顺序

    //如果要实现多种符号，还可以考虑增加一个字段
    //用来标示当前控制点是属于什么类型标绘符号的控制点

    GeoPoint point = null;
    recordset = controlPoint.Query(@"GUID = '" + guid + "'",
                                    CursorType.Static);
    Point2Ds points = new Point2Ds();
    while (!recordset.IsEOF)
    {
        point = recordset.GetGeometry() as GeoPoint;
        points.Add(point.InnerPoint);
        recordset.MoveNext();
    }
    recordset.Dispose();

    //根据新的控制点生成新的符号
    GeoCompound compound = MakePlotMarker(points);

    //修改标绘符号，这里没有考虑保留原来符号的风格等问题
    //有兴趣的读者可以自行添加
    layer = MapControl.Map.Layers["PlotMarker@plot"];
    DatasetVector plotMarker = layer.Dataset as DatasetVector;
    recordset = plotMarker.Query(@"GUID = '" + guid + "'",
                                    CursorType.Dynamic);

    recordset.Edit();
    recordset.SetGeometry(compound);
    recordset.Update();
    recordset.Dispose();

    //刷新地图
    MapControl.Map.TrackingLayer.Clear();
    MapControl.Map.Refresh();
    }
}
catch
{
}
}
```

修改控制点时能够实时看到符号的改变，实现方式和前文提到的实时标绘原理类似，即需要在控制点移动时实时生成一个标绘符号，但这时不能使用 MouseMove 事件，需要使用

MapControl 提供的 EditHandleMove 事件(对象编辑手柄移动事件,对于点来说就是点移动时触发的事件,具体内容及相关范例可参考 SuperMap Objects .NET 帮助文档或相关资料)。实现思路如图 5-28 所示。

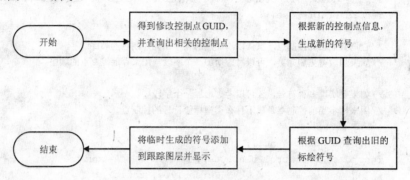

图 5-28 实时编辑的实现思路

范例代码如下。

(1) 在_CtrlActionPlot 的 Run 方法中添加对 EditHandleMove 事件的注册。

```
//运行代码,弹出一个消息框
public override void Run()
{
    try
    {
    //控制是否为编辑状态
    m_isDrawPlot = !m_isDrawPlot;
    //清空控制点
    m_controlPoints.Clear();

    //开始标绘状态
    if (m_isDrawPlot)
    {
        //修改地图的编辑状态
        MapControl.TrackMode = TrackMode.Edit;
        MapControl.Action = SuperMap.UI.Action.CreatePoint;
        //需要处理控制点添加之后的事件
        MapControl.GeometryAdded += new GeometryEventHandler(MapControl_GeometryAdded);
        //处理鼠标移动时的事件
        MapControl.MouseMove += new System.Windows.Forms.MouseEventHandler (MapControl_MouseMove);
        //处理控制点编辑之后的事件
        MapControl.GeometryModified += new GeometryEventHandler(MapControl_GeometryModified);

        //处理移动控制点时的事件,用于处理实时标绘
        MapControl.EditHandleMove += new EditHandleEventHandler(MapControl_EditHandleMove);
    }
    //结束标绘状态
    else
    {
```

```
        //恢复地图到选择状态
        MapControl.Action = SuperMap.UI.Action.Select2;

        //需要移除对点添加事件的响应
        MapControl.GeometryAdded -= new GeometryEventHandler(MapControl_GeometryAdded);

        //移除对鼠标移动响应的事件
        MapControl.MouseMove -= new System.Windows.Forms.MouseEventHandler(MapControl_MouseMove);
        //移除对控制点编辑事件的响应
        MapControl.GeometryModified -= new GeometryEventHandler(MapControl_GeometryModified);

        //移除对控制点编辑手柄移动事件的响应
        MapControl.EditHandleMove -= new EditHandleEventHandler(MapControl_EditHandleMove);
    }
}
catch
{
}
}
```

(2) 添加 EditHandleMove 事件，实现实时标绘符号的目的。

```
void MapControl_EditHandleMove(object sender, EditHandleEventArgs e)
{
    if (m_isDrawPlot)
    {
        Int32 controlID = e.EditGeometries[0].ID;

        //得到控制点数据集
        Layer layer = MapControl.Map.Layers["ControlPoint@plot"];
        DatasetVector controlPoint = layer.Dataset as DatasetVector;

        //得到控制点的 GUID 值，便于查询出与之关联的其他控制点和标绘符号
        Recordset recordset = controlPoint.Query("SmID = " +
                                    controlID.ToString(),
                                    CursorType.Static);
        String guid = recordset.GetFieldValue(@"GUID").ToString();
        recordset.Dispose();

        //得到相关的控制点
        GeoPoint point = null;
        recordset = controlPoint.Query(@"GUID = '" + guid + "'",
                                    CursorType.Static);
        Point2Ds points = new Point2Ds();
        while (!recordset.IsEOF)
        {
            point = recordset.GetGeometry() as GeoPoint;
            if (recordset.GetID() == controlID)
            {
                points.Add(new Point2D(e.X, e.Y));
            }
```

```
        else
        {
            points.Add(point.InnerPoint);
        }

        recordset.MoveNext();
    }
    recordset.Dispose();
    //使用新的控制点生成符号,并在跟踪图层上显示出来
    GeoCompound compound = MakePlotMarker(points);

    MapControl.Map.TrackingLayer.Clear();
    MapControl.Map.TrackingLayer.Add(compound, String.Empty);
    MapControl.Map.Refresh();
    }
}
```

单击 VS 2008 工具栏中的运行按钮 ▶,对生成标绘符号的代码进行调试。在编译成功后会自动启动 SuperMap Deskpro .NET 程序。依次打开示范数据 plot.smwu 工作空间,打开地图 plot。单击"开始"选项卡中的"符号标绘"按钮,鼠标移动到地图窗口中。由于默认情况下单击操作直接执行符号标绘的功能,因此首先需要右击,取消绘制控制点的操作。然后在 plot 地图上单击需要修改的控制点并移动它,可以看到标绘符号会根据控制点的移动进行变化,如图 5-29 所示。

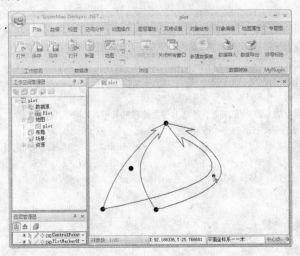

图 5-29　实时编辑符号的效果

5.2.6　其他类型符号的实现

如果要实现完整的符号标绘功能,还有很多功能需要实现,例如对符号显示风格的修改,包括符号显示的颜色、符号边线的形状等,这些功能读者可以自己在范例项目的基础上进一步实现。

另外其他类型的符号，例如嵌击符号(如图 5-30、图 5-31 和图 5-32 所示)等，其实现原理与进攻符号基本相同，只是需要不同的控制点来计算出具体的符号形状，本书就不再一一介绍，有兴趣的读者可以根据之前介绍的进攻符号的实现方式去实现其他类型的标绘符号。

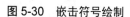

图 5-30 嵌击符号绘制

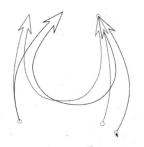

图 5-31 嵌击符号编辑 A

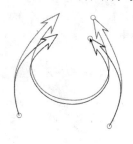

图 5-32 嵌击符号编辑 B

前文介绍的符号标绘都是在二维窗口中实现的，采用类似的原理和思路，可以在三维场景窗口中实现三维的符号标绘。但在三维中实现时需要注意几点：一是关于高程的处理，需要对控制点以及在生成符号时考虑高程的变化，这个可以根据需要进行相关的计算和模拟；二是三维场景的实现原理和二维有很大区别，因此各种事件的响应也跟二维有所不同，详情可以参考相关的资源和材料。有兴趣的读者可以自己研究并实现三维场景中的符号标绘。

5.3 三 维 鹰 眼

在第 2 章中，我们实现了一个二维鹰眼的例子。在本节中，将制作一个插件直接通过二维地图窗口和三维场景窗口的关联来实现鹰眼功能，即利用 SuperMap Deskpro .NET 已经提供的三维场景窗口作为二维地图窗口的鹰眼，并实现操作联动、缩略图等功能。通过本节的介绍，我们将了解在 SuperMap Deskpro .NET 的框架下如何实现窗口的管理、如何利用其他插件已有功能、如何实现窗口间的通信等方面的内容。

 本节示例使用的数据是配套光盘\示范程序\第 5 章_插件开发\data 目录中的 plot.smwu。示例将会使用二维地图 plot 和三维场景 scene。

在实现本节示例之前，首先在 VS 2008 中为该示例创建一个类文件 _CtrlActionOverView3D.cs，方法请参照 5.1.3 节中的步骤。为该类取名为 _CtrlActionOverView3D。创建的 _CtrlActionOverView3D.cs 代码如下：

```
using System;
using System.Collections.Generic;
using System.Text;
using SuperMap.Desktop;
using System.Reflection;
using SuperMap.UI;
```

```
using SuperMap.Data;
using System.Drawing;
using SuperMap.Realspace;
using System.IO;
using System.Windows.Forms;
namespace MyPlugin
{
    class _CtrlActionOverView3D : CtrlAction
    {
        public _CtrlActionOverView3D(IBaseItem caller, IForm formClass)
            : base(caller, formClass)
        {

        }
        public override void Run()
        {

        }
        public override bool Enable()
        {
            return base.Enable();
        }
        public override System.Windows.Forms.CheckState Check()
        {
            return base.Check();
        }
    }
}
```

在插件配置文件 MyPlugin.config 中添加与界面相关的配置内容，配置文件内容如下：

```xml
<?xml version="1.0" encoding="utf-8"?>
<plugin xmlns="http://www.supermap.com.cn/desktop"
        name="MyPlugin" author="SuperMap GIS"
        url="www.supermap.com.cn" description="MyPlugin">
    <runtime assemblyName="./Plugins/MyPlugin/MyPlugin.dll"
        className="MyPlugin.PluginClass" loadOrder="5" />
    <toolbox>
      <ribbon>
        <tabs>
          <tab index="0" id="Home" label="开始" formClass="" visible="">
            <group index="100" id="MyPlugin" label="MyPlugin"
                layoutStyle="vertical" visible="">
              <button index="" label="符号标绘"
                    assemblyName="./Plugins/MyPlugin/MyPlugin.dll"
                    onAction="MyPlugin._CtrlActionPlot"
                    visible="" checkState="" image=""
                    size="large" showLabel="" showImage=""
                    screenTip="" shortcutKey="" />
```

```
        <button index="" label="三维鹰眼"
            assemblyName="./Plugins/MyPlugin/MyPlugin.dll"
            onAction="MyPlugin._CtrlActionOverView3D" visible=""
            checkState="" image="" size="large" showLabel=""
            showImage="" screenTip="" shortcutKey="" helpURL="" />
        </group>
      </tab>
    </tabs>
  </ribbon>
 </toolbox>
</plugin>
```

5.3.1 实现思路及流程

三维鹰眼插件的实现思路如图 5-33 所示。首先需要关联二维地图窗口和三维场景窗口，然后在三维场景窗口中显示二维地图的缩略范围，并在二维地图变化之后使三维场景随之改变，这可以通过注册二维地图窗口的 Drawn 事件来实现，该事件在地图绘制完成之后触发。同时在三维鹰眼地图上，也能够通过改变显示范围来影响二维地图窗口的显示。三维场景窗口的改变通过 MouseMove 事件和 Scene 的 Timer 属性的 Tick 事件来进行监控。另外，为了实现两种不同的操作模式，可通过增加组合功能键的模式来进行区分。

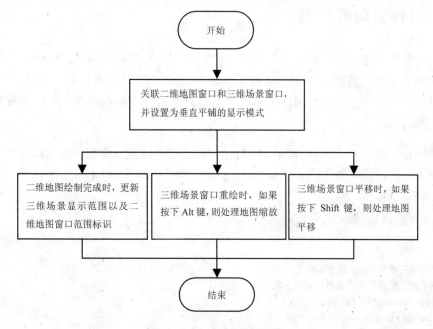

图 5-33　三维鹰眼实现思路

三维鹰眼实现之后的效果如图 5-34 所示。

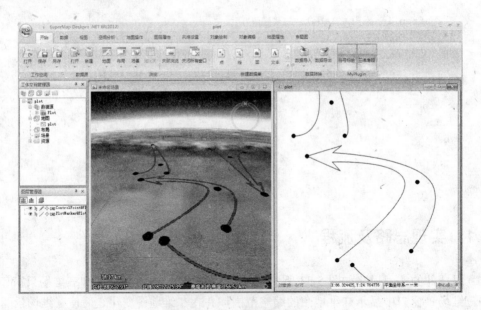

图 5-34　三维鹰眼实现效果

后文将按照上面提到的实现思路，一步一步地实现三维鹰眼的功能。

5.3.2　各种窗口的管理

实现三维鹰眼首先碰到的问题就是各种窗口的管理，在本书的第 4 章中介绍了 SuperMap Deskpro .NET 主要是通过 IFormMain 和 IFormManager 来管理各种窗口。通过这两个接口，可以得到当前打开的各种窗口对象，从而对窗口对象进行管理和操作，如改变窗口显示模式、改变窗口布局等。

为了简单起见，要求只在 SuperMap Deskpro .NET 同时打开三维和二维窗口时才可用三维鹰眼插件。因此让该判断代码在 _CtrlActionOverView3D 的 Enable()方法中执行，同时获取二维和三维窗口对象。具体代码如下：

```
//判断对应控件是否可用
public override Boolean Enable()
{
    //在同时有三维窗口和二维窗口时才可用
    //在这里把二维窗口和三维窗口记录下来
    Boolean hasMap = false;
    Boolean hasScene = false;
    IFormMain formMain = SuperMap.Desktop.Application.ActiveApplication.MainForm;
    IFormManager formManager = formMain.FormManager;
    Int32 formCount = formManager.Count;
    for (Int32 index = 0; index < formCount;index++)
    {
        if (formManager[index] is IFormMap)
        {
```

```
        m_mapControl = (formManager[index] as IFormMap).MapControl;
        hasMap = true;
    }
    else if (formManager[index] is IFormScene)
    {
        m_sceneControl = (formManager[index] as IFormScene).SceneControl;
        hasScene = true;
    }
}

//为了简单起见，控制窗口个数为两个，并且一个为二维地图，一个为三维场景
return (formCount == 2) && hasMap && hasScene;
}
```

5.3.3　窗口显示模式的切换

SuperMap Deskpro .NET 提供了三种窗口显示模式，分别是标签模式、叠加模式和扩展模式。可以在"视图"选项卡中找到对应的功能。有时为了一些特殊的应用，需要改变窗口的显示模式，但又不希望通过在选项卡中单击按钮的方式来实现，而是希望在代码中进行控制，这时候就需要用到 SuperMap Deskpro .NET 提供的另外一项能力，即使用其他插件已有功能来实现这一需求。

要利用已有插件功能，首先需要知道该功能所在插件的全名以及功能的全名(包含命名空间的类型名称)，然后找到对应的 CtrlAction，最后根据需要进行 CtrlAtion 功能的调用(Run、Enable、Check)。只要传入插件名称和功能类型名称即可返回对应的 CtrlAction。本节示例三维鹰眼插件用于在窗口中同时显示二维窗口和三维窗口，因此为了便于浏览，在代码中直接实现两个窗口以叠加模式显示，并且将两个窗口进行垂直平铺。

如果需要把窗口的显示模式改为叠加模式，只需要找到插件 SuperMap.Desktop.Frame 提供的 SuperMap.Desktop._CtrlActionMdiFormTypeNormal 这个功能，然后调用其 Run 方法。把窗口进行垂直平铺，直接通过 SuperMap.Desktop.Frame 插件的 SuperMap.Desktop._CtrlActionWindowsVertical 功能实现。因此，在_CtrlActionOverView3D 的 Run()方法中实现如下代码。

```
//记录二维地图和三维场景窗口
private MapControl m_mapControl = null;
private SceneControl m_sceneControl = null;
//记录三维相机变化之前的状态，用于计算地图放大
private Camera m_prevCamera = Camera.Empty;
public override void Run()
{
    try
    {
        m_isOverView3D = !m_isOverView3D;
        if (m_isOverView3D)
        {
```

```
            //把二维地图窗口和三维场景窗口改为垂直平铺的模式
            //通过调用其他插件已有的功能实现
            String pluginName = String.Empty;
            String actionName = String.Empty;
            ICtrlAction ctrlAction = null;

            pluginName = "SuperMap.Desktop.Frame";
            actionName = "SuperMap.Desktop._CtrlActionMdiFormTypeNormal";
            ctrlAction = GetCtrlAction(pluginName, actionName);
            ctrlAction.Run();

            pluginName = "SuperMap.Desktop.Frame";
            actionName = "SuperMap.Desktop._CtrlActionWindowsVertical";
            ctrlAction = GetCtrlAction(pluginName, actionName);
            ctrlAction.Run();
        }
        else
        {
        }
    }
    catch
    {
    }
}

private ICtrlAction GetCtrlAction(String pluginName, String actionName)
{
    //通过插件的名称和对应的CtrlAction名称来找到对应的接口对象
    ICtrlAction ctrlAction = null;
    try
    {
        Type typeCtrlAction = null;
        Assembly[] assemblies = AppDomain.CurrentDomain.GetAssemblies();
        foreach (Assembly assembly in assemblies)
        {
            if (assembly.FullName.Contains(pluginName))
            {
             Type[] types = assembly.GetTypes();
             foreach (Type type in types)
             {
                if (type.FullName.CompareTo(actionName) == 0)
                {
                 typeCtrlAction = type;
                }
             }
             break;
            }
        }
        IFormMain formMain = SuperMap.Desktop.Application.ActiveApplication.MainForm;
        ctrlAction = formMain.RibbonManager[typeCtrlAction].CtrlAction;
    }
```

```
catch
{
}
return ctrlAction;
}
```

单击 VS 2008 工具栏中的运行按钮 ▶，对代码进行调试。在编译成功后会自动启动 SuperMap Deskpro .NET 程序。依次打开示范数据 plot.smwu 工作空间，打开地图 plot，打开场景 scene。然后单击"开始"选项卡中的"三维鹰眼"按钮，可以看到三维窗口和 plot 二维窗口以叠加和垂直平铺方式显示，如图 5-35 所示。

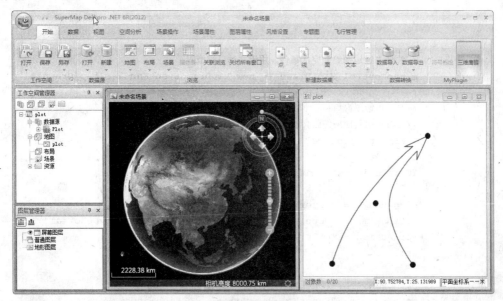

图 5-35　窗口叠加和垂直平铺

在 SuperMap Deskpro .NET 提供的集中窗口显示模式的基础上，可以扩展出一些非常有意思的显示模式，如全屏模式(第 7 章中的水利应用案例就实现了这种模式)。要实现全屏模式，首先需要把窗口的显示模式改为扩展模式，然后修改窗口的风格(FormBorderStyle)，并设置窗口状态为最大化即可。有兴趣的读者可以自行实现。

5.3.4　窗口间的联动

二维地图平移或者缩放之后，需要在三维场景中进行反映；同时，三维场景进行过平移或者缩放操作之后，二维地图也需要有联动的效果。这就需要实现窗口间的联动。

1. 三维窗口随二维窗口联动

前文提及，二维窗口改变之后，可以在地图控件的绘制完成事件(MapControl.Drawn)中处理三维场景窗口的联动。因此首先在插件的 Run()方法中注册二维地图窗口绘制完成事件，然后在绘制完成事件中得到二维地图窗口的显示范围 ViewBounds(这是一个二维矩形对象)，通过二维矩形对象生成三维区域对象，并把这个范围用一个红色的矩形显示到三维场景窗口中，同时把三维场景窗口的相机位置设置为地图的中心点位置。开发步骤如下。

(1) 在_CtrlActionOverView3D 的 Run()方法中添加如下注册和注销二维地图窗口绘制完成事件的代码。

```
public override void Run()
{
    try
    {
        m_isOverView3D = !m_isOverView3D;

        if (m_isOverView3D)
        {
            //注册二维地图绘制完成事件，用于联动三维鹰眼
            m_mapControl.Map.Drawn += new MapDrawnEventHandler(Map_Drawn);

            //把二维地图窗口和三维场景窗口改为垂直平铺的模式
            //通过调用其他插件已有的功能实现
            String pluginName = String.Empty;
            String actionName = String.Empty;
            ICtrlAction ctrlAction = null;

            pluginName = "SuperMap.Desktop.Frame";
            actionName = "SuperMap.Desktop._CtrlActionMdiFormTypeNormal";
            ctrlAction = GetCtrlAction(pluginName, actionName);
            ctrlAction.Run();

            pluginName = "SuperMap.Desktop.Frame";
            actionName = "SuperMap.Desktop._CtrlActionWindowsVertical";
            ctrlAction = GetCtrlAction(pluginName, actionName);
            ctrlAction.Run();
        }
        else
        {
            //取消三维鹰眼功能后，需要注销相关事件
            m_mapControl.Map.Drawn -= new MapDrawnEventHandler(Map_Drawn);

            //把三维场景的跟踪图层清空
            // m_sceneControl.Scene.TrackingLayer.Clear();
        }
    }
    catch
    {
    }
}
```

(2) 在地图控件的绘制完成事件(MapControl.Drawn)中实现二、三维窗口的联动。

```
void Map_Drawn(object sender, MapDrawnEventArgs e)
```

```
{
    //地图显示完成之后，同时在三维窗口中进行定位显示
    //这里不考虑投影转换的问题，默认地图为经纬度
    Rectangle2D viewBounds = m_mapControl.Map.ViewBounds;
    GeoRegion3D bounds = MakeRegionByRectangle(viewBounds);
    m_sceneControl.Scene.TrackingLayer.Clear();
    m_sceneControl.Scene.TrackingLayer.Add(bounds, String.Empty);

    Camera camera = m_sceneControl.Scene.Camera;
    camera.Longitude = viewBounds.Center.X;
    camera.Latitude = viewBounds.Center.Y;
    m_sceneControl.Scene.Camera = camera;

    m_sceneControl.Scene.Refresh();
}

private GeoRegion3D MakeRegionByRectangle(Rectangle2D rectangle)
{
    //通过一个二维的矩形对象构建一个三维区域对象
    //同时设置三维对象的显示风格
    GeoRegion3D region3D = new GeoRegion3D();
    Point3Ds points = new Point3Ds();

    points.Add(new Point3D(rectangle.Left, rectangle.Top, 0));
    points.Add(new Point3D(rectangle.Left, rectangle.Bottom, 0));
    points.Add(new Point3D(rectangle.Right, rectangle.Bottom, 0));
    points.Add(new Point3D(rectangle.Right, rectangle.Top, 0));
    region3D.AddPart(points);

    region3D.Style3D = new GeoStyle3D();
    region3D.Style3D.LineColor = Color.Red;
    region3D.Style3D.LineWidth = 4;
    region3D.Style3D.FillMode = FillMode3D.Line;
    region3D.Style3D.AltitudeMode = AltitudeMode.ClampToGround;

    return region3D;
}
```

单击 VS 2008 工具栏中的运行按钮 ▶，对代码进行调试。在编译成功后会自动启动 SuperMap Deskpro .NET 程序。依次打开示范数据 plot.smwu 工作空间，打开地图 plot，打开场景 scene。然后单击"开始"选项卡中的"三维鹰眼"按钮，在 plot 地图窗口中进行平移、缩放等操作，可以看到三维场景窗口的红色矩形框也随之改变。

2. 二维窗口随三维窗口联动

按住 Shift 键，在三维场景窗口中进行平移，可以实现二维窗口的联动。

当三维场景窗口进行平移之后，在其鼠标移动事件(SceneControl.MouseMove)中进行相关的处理。进行平移操作时，主要是中心点改变了，显示的范围大小是没有改变的，重新计算

一下地图的可见范围即可。代码实现如下。

(1) 在_CtrlActionOverView3D 的 Run()方法中添加如下注册和注销三维场景鼠标移动事件
的代码。

```
public override void Run()
{
    try
    {
        m_isOverView3D = !m_isOverView3D;
        if (m_isOverView3D)
        {
            //注册二维地图绘制完成事件，用于联动三维鹰眼
            m_mapControl.Map.Drawn += new MapDrawnEventHandler(Map_Drawn);
            //注册三维场景的鼠标移动，用于处理联动地图的移动操作
            m_sceneControl.MouseMove += new MouseEventHandler(m_sceneControl_MouseMove);

            //把二维地图窗口和三维场景窗口改为垂直平铺的模式
            //通过调用其他插件已有的功能实现
            String pluginName = String.Empty;
            String actionName = String.Empty;
            ICtrlAction ctrlAction = null;

            pluginName = "SuperMap.Desktop.Frame";
            actionName = "SuperMap.Desktop._CtrlActionMdiFormTypeNormal";
            ctrlAction = GetCtrlAction(pluginName, actionName);
            ctrlAction.Run();

            pluginName = "SuperMap.Desktop.Frame";
            actionName = "SuperMap.Desktop._CtrlActionWindowsVertical";
            ctrlAction = GetCtrlAction(pluginName, actionName);
            ctrlAction.Run();
        }
        else
        {
            //取消三维鹰眼功能后，需要注销相关事件
            m_mapControl.Map.Drawn -= new MapDrawnEventHandler(Map_Drawn);
            m_sceneControl.MouseMove -= new MouseEventHandler(m_sceneControl_MouseMove);
            //把三维场景的跟踪图层清空
            // m_sceneControl.Scene.TrackingLayer.Clear();
        }
    }
    catch
    {
    }
}
```

(2) 在三维场景鼠标移动事件中实现二、三维窗口的联动。

```
void m_sceneControl_MouseMove(object sender, MouseEventArgs e)
{
```

```
//当三维场景进行平移操作并按住 Shift 键时
//实现平移三维场景联动二维地图的功能
if (m_sceneControl.Action == Action3D.Pan ||
    m_sceneControl.Action == Action3D.Pan2)
{
    if (Control.ModifierKeys == Keys.Shift)
    {
        Camera camera = m_sceneControl.Scene.Camera;
        GeoRegion3D bounds = m_sceneControl.Scene.TrackingLayer.Get(0) as
                          GeoRegion3D;
        Rectangle2D rectangle = new Rectangle2D(
                        new Point2D(camera.Longitude,
                                camera.Latitude),
                        new Size2D(bounds.Bounds.Width,
                                bounds.Bounds.Height));
        m_mapControl.Map.ViewBounds = rectangle;
        m_mapControl.Map.Refresh();
    }
}
```

单击 VS 2008 工具栏中的运行按钮 ▶，对代码进行调试。在编译成功后会自动启动
SuperMap Deskpro .NET 程序。依次打开示范数据 plot.smwu 工作空间，打开地图 plot，打
开场景 scene。然后单击“开始”选项卡中的“三维鹰眼”按钮。按住 Shift 键，然后利用
鼠标在三维场景窗口中进行平移操作，可以看到二维地图的范围也随之改变，如图 5-36 所示。

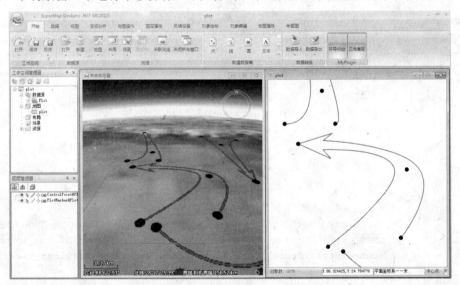

图 5-36　二维地图窗口随三维窗口联动

按住 Alt 键，在三维场景窗口中进行缩放操作，可以实现二维窗口的联动。

三维场景窗口进行缩放(降低相机的高度)时，也希望看到二维地图同步缩放，这时候可以
通过场景对象的时钟事件(SceneControl.Scene.Timer.Tick)来实现。如果相机高度改变了，就

认为三维场景进行了缩放，然后根据高度改变的比例来对二维地图进行缩放。

(1) 在_CtrlActionOverView3D 的 Run()方法中添加注册和注销三维场景的更新 Timer，代码如下。

```
public override void Run()
{
    try
    {
        m_isOverView3D = !m_isOverView3D;
        if (m_isOverView3D)
        {
            //注册二维地图绘制完成事件，用于联动三维鹰眼
            m_mapControl.Map.Drawn += new MapDrawnEventHandler(Map_Drawn);
            //注册三维场景的鼠标移动，用于处理联动地图的移动操作
            m_sceneControl.MouseMove += new MouseEventHandler(m_sceneControl_MouseMove);

            //注册三维场景的更新Timer，用于处理联动地图的放大缩小
            m_sceneControl.Scene.Timer.Tick += new EventHandler(Timer_Tick);

            //把二维地图窗口和三维场景窗口改为垂直平铺的模式
            //通过调用其他插件已有的功能实现
            String pluginName = String.Empty;
            String actionName = String.Empty;
            ICtrlAction ctrlAction = null;

            pluginName = "SuperMap.Desktop.Frame";
            actionName = "SuperMap.Desktop._CtrlActionMdiFormTypeNormal";
            ctrlAction = GetCtrlAction(pluginName, actionName);
            ctrlAction.Run();

            pluginName = "SuperMap.Desktop.Frame";
            actionName = "SuperMap.Desktop._CtrlActionWindowsVertical";
            ctrlAction = GetCtrlAction(pluginName, actionName);
            ctrlAction.Run();
        }
        else
        {
            //取消三维鹰眼功能后，需要注销相关事件
            m_mapControl.Map.Drawn -= new MapDrawnEventHandler(Map_Drawn);
            m_sceneControl.MouseMove -= new MouseEventHandler(m_sceneControl_MouseMove);
            m_sceneControl.Scene.Timer.Tick -= new EventHandler(Timer_Tick);
            //把三维场景的跟踪图层清空
            // m_sceneControl.Scene.TrackingLayer.Clear();
        }
    }
    catch
    {
    }
}
```

(2) 在 Timer_Tick 事件中实现联动。其中缩放计算通过方法 ResizeRectangle 实现。

```
void Timer_Tick(object sender, EventArgs e)
{
    //三维窗口更新 Timer 事件，当我们按住 Alt 键的时候
    //可以实现在三维窗口里面放大缩小场景时，联动二维地图的放大缩小
    Camera camera = m_sceneControl.Scene.Camera;
    if (m_prevCamera == Camera.Empty)
    {
        m_prevCamera = camera;
    }
    else
    {
        if (Control.ModifierKeys == Keys.Alt)
        {
            if (!Toolkit.IsZero(camera.Altitude - m_prevCamera.Altitude))
            {
                double ratio = camera.Altitude / m_prevCamera.Altitude;
                Rectangle2D viewBounds = m_mapControl.Map.ViewBounds;

                Rectangle2D newViewBounds = ResizeRectangle(viewBounds, ratio);
                m_mapControl.Map.ViewBounds = newViewBounds;
                m_mapControl.Map.Refresh();

                GeoRegion3D bounds = MakeRegionByRectangle(newViewBounds);
                m_sceneControl.Scene.TrackingLayer.Set(0, bounds);
            }
        }

        m_prevCamera = camera;
    }
}

private Rectangle2D ResizeRectangle(Rectangle2D rectangle,double ratio)
{
    //以中心点为基点进行矩形的放大或缩小
    Point2D center = rectangle.Center;

    double width = ratio * rectangle.Width;
    double height = ratio * rectangle.Height;

    return new Rectangle2D(center, new Size2D(width, height));
}
```

单击 VS 2008 工具栏中的运行按钮 ▶，对代码进行调试。在编译成功后会自动启动 SuperMap Deskpro .NET 程序。依次打开示范数据 plot.smwu 工作空间，打开地图 plot，打开场景 scene。然后单击"开始"选项卡中的"三维鹰眼"按钮。按住 Alt 键，鼠标移动到三维场景窗口中，通过鼠标滚轮实现三维场景的缩放，可以看到二维地图窗口也随之缩放。

5.4 帮助系统集成

软件帮助手册是用户使用软件的非常重要的参考资料，用户遇到问题首先想到的就是去查找相关的帮助文档。在 SueprMap Deskpro .NET 中，提供了把第三方开发的插件帮助集成到软件帮助系统中的能力，这就是帮助系统的集成。本节将简单介绍如何实现帮助系统的无缝集成。集成 SuperMap Deskpro .NET 的帮助系统，有两部分工作需要做：一是在配置文件中进行相关的配置，二是编写帮助文档、帮助目录和帮助索引。制作帮助的流程如图 5-37 所示。

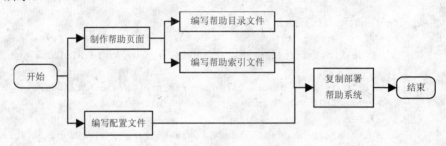

图 5-37 制作帮助系统的流程

5.4.1 编写配置文件

帮助文档的配置，主要就是配置 helpURL(按 F1 键时，定位到对应的帮助页面，鼠标停留在某个控件上时显示帮助信息也是使用这个配置项的值)、shortcutKey(功能对应的快捷键，可以是多个键的组合，通过该按键组合可快速访问功能)等相关内容。如果想要实现鼠标移动到按钮上就出现功能提示，只需要配置 screenTip 和 screenTipImage 两项即可(图 5-38 即为实时提示效果)。配置时需要注意各个文件的相对路径问题(本范例中，需要把插件的 helpLocalRoot 节点属性设置为..\Help\MyPlugin\)。配置文件代码如下。

打开 MyPlugin.config 文件，在符合标绘的 button 节点中添加如下代码(粗体部分)。

```
<?xml version="1.0" encoding="utf-8"?>
<plugin xmlns="http://www.supermap.com.cn/desktop"
      name="MyPlugin" author="SuperMap GIS"
      url="www.supermap.com.cn" description="MyPlugin"
      helpLocalRoot="..\Help\MyPlugin\">
 <runtime assemblyName="./Plugins/MyPlugin/MyPlugin.dll"
      className="MyPlugin.PluginClass" loadOrder="5" />
<toolbox>
  <ribbon>
    <tabs>
      <tab index="0" id="Home" label="开始" formClass="" visible="">
        <group index="100" id="MyPlugin" label="MyPlugin"
```

```
            layoutStyle="vertical" visible="">
        <button index="" label="符号标绘"
            assemblyName="./Plugins/MyPlugin/MyPlugin.dll"
            onAction="MyPlugin._CtrlActionPlot"
            visible="" checkState="" image=""
            size="large" showLabel="" showImage=""
            screenTip="符号标绘，在 SuperMap Deskpro .NET 中，通过扩展开发的方式，实现在应
            急、军事等领域应用颇多的动态符号标绘的功能"
            screenTipImage="..\Help\MyPlugin\plot.PNG"
            shortcutKey="" helpURL="plot.htm" />
        <button index="" label="三维鹰眼"
            assemblyName="./Plugins/MyPlugin/MyPlugin.dll"
            onAction="MyPlugin._CtrlActionOverView3D" visible=""
            checkState="" image="" size="large" showLabel=""
            showImage="" screenTip="" shortcutKey="" helpURL="" />
    </group>
  </tab>
  </tabs>
 </ribbon>
</toolbox>
</plugin>
```

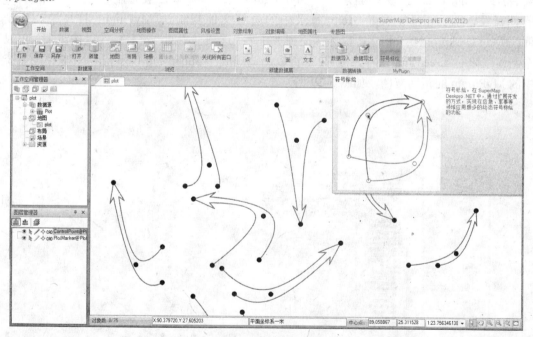

图 5-38　实时提示帮助

将该配置文件复制到 SuperMap Deskpro .NET 6R 安装目录\WorkEnvironment\Default 中。

5.4.2 制作帮助目录和索引文件

编写帮助文档的方式与编写常规的 HTML 文件相同。编写完介绍功能的 HTML 文件之后，需要根据这些材料，生成帮助目录和帮助索引两个文件。这两个文件的生成，可通过微软提供的 HTML Help Workshop 来进行。HTML Help Workshop 是微软提供的专门用来制作生成 chm 的工具。当然不需要把帮助文档生成为 chm，只是使用这个工具来生成 hhc(帮助目录)和 hhk(帮助索引)文件。如果想要手动编写 hhc 和 hhk 文件，请参考对这两类文件格式的相关规范描述。

部署帮助系统只需要把帮助页面文档(html)、帮助目录(hhc)和帮助索引(hhk)复制到 SuperMap Deskpro .NET 安装目录下的 Help 文件夹下，并单独建立一个文件夹来存放这些文件即可。SuperMap Deskpro .NET 启动后会自动检查 Help 下各个子文件夹的 hhc 和 hhk 文件，并自动将它们和系统帮助文档集成。

在本书配套光盘\示范程序\第 5 章_插件开发\MyPlugin\MyPlugin\Help 目录中提供了一套针对上述插件示例的帮助文档、帮助目录和帮助索引文件。首先在 SuperMap Deskpro .NET 安装目录下的 Help 文件夹下新建一个 MyPlugin 目录，然后将配套光盘\示范程序\第 5 章_插件开发\MyPlugin\MyPlugin\Help 目录中的所有文件复制到 MyPlugin 目录中。启动 SuperMap Deskpro .NET 程序，鼠标移动到"开始"选项卡中的"符号标绘"按钮上，可以看到该按钮的 screenTip 内容。按 F1 键可以浏览集成在 SuperMap Deskpro .NET 帮助系统中的 MyPlugin 的帮助文档，如图 5-39 所示。

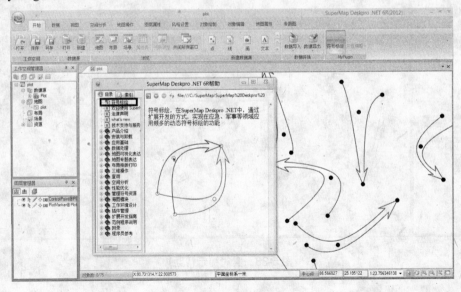

图 5-39　帮助系统集成

从图 5-39 可以看到，虽然帮助系统和 SuperMap Deskpro .NET 的帮助文档集成到一起，但还是一个独立的目录。有时希望看到这些功能的帮助是和桌面的帮助在一起的，而不是以这种独立的方式存在。要实现这个效果，前面的步骤与 5.4.1 节介绍的一样，只是最后部署的时候有所不同。部署的时候，只需要把需要部署的 hhc 和 hhk 文件合并到 SuperMap Deskpro .NET 的 hhc 和 hhk 文件中即可。合并的时候，最好采用之前提供的 HTML Help Workshop 进行(合并前最好把桌面自带的 hhc 和 hhk 文件备份，出错后方便恢复)，把 hhc 和 hhk 相关内容合并到桌面自带的 hhc、hhk 对应的节点下即可。实现效果如图 5-40 所示。

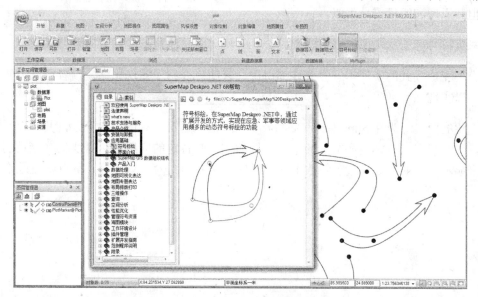

图 5-40　帮助系统集成到系统节点

5.5　本章小结

本章对 SuperMap Deskpro .NET 内部实现的原理以及如何进行扩展开发进行了比较全面的介绍，主要内容如下：

- 如何对 SuperMap Deskpro .NET 进行扩展开发。

- 如何使用和扩展 SuperMap Deskpro .NET 已有功能。

- 如何把扩展功能的帮助和 SuperMap Deskpro .NET 的帮助集成到一起。

本书所提供的范例都是为了介绍相关功能而设计的，因此在实现时比较简单和单一，还有很多地方可以丰富和完善，这里也一并总结提出，有兴趣的读者可以思考并加以解决。

- 利用符号标绘功能绘制控制点时，没有考虑用户中间取消绘制的情况。例如，一个符号需要绘制 4 个控制点，但用户绘制了 3 个控制点即取消了控制点的绘制，这时候需要进行控制和处理。

- 当绘制多种类型的符号时，需要进行类型的区分。另外编辑时也需要进行区分，包括编辑一个控制点时，需要知道这个控制点是属于哪一类符号的控制点、该控制点控制符号的什么行为等。

- 符号风格的设置问题。范例中符号的风格均默认为一种颜色，显示的线型也是固定的，实际应用中是需要对符号的显示风格进行设置和修改的。

- 本章的范例只实现了线状符号的绘制，点状、面状以及文本符号的绘制没有进行讨论，但其原理和线状符号类似。

- 三维符号标绘的实现本书中没有讨论，但其实现原理和二维符号标绘类似。

- 全屏窗口模式的实现本章没有详细讨论，只简单介绍了实现思路，读者可以去研究并加以实现。

本章介绍的内容均为在 SuperMap Deskpro .NET 启动之后进行的二次开发，其实在系统启动时，还有很多可以定制和扩展的地方。例如在一些特定的应用中，需要根据登录的不同用户来显示不同的界面，甚至加载不同的插件，这方面的内容将在第 6 章中详细讨论。

第6章 启动开发

启动开发，即对应用程序启动过程的开发，最直接的表现为应用程序启动时启动界面的加载，而启动程序界面的好坏在一定程度上也影响着用户对应用程序的评价。

在本章中，将通过两个例子的实现，讲述如何重写 SuperMap Deskpro .NET 的默认启动程序(SuperMap Deskpro .NET.exe)，实现用户自定义的启动效果。

本章主要内容：

● 启动开发流程介绍

● 如何实现一个简单的启动界面

● 如何定制一个高级的启动界面

🌐说明　本章中的两个例子，都是对基于 SuperMap Deskpro .NET 的启动界面的重写，并不涉及插件的开发。

6.1　启动开发总述

在 4.4.1 节中介绍了如何通过修改配置文件实现用户自定义的启动界面。本章则讲述如何具体开发用户自定义的启动界面，即 ISplashForm 接口的实现。

本章中可能会涉及部分与对象模型和接口相关的内容，建议在开始本章内容前，先阅读第 3 章。

在 SuperMap Deskpro .NET 中自定义启动开发，无论是简单定制还是高级定制，开发的基本流程是一样的，都可以遵循如图 6-1 所示的六步法。

在这六步法中，最主要的工作在于如何处理启动界面的相关信息设置，即"显示启动界面"。后文将通过两个例子详细介绍启动开发六步法的实现。

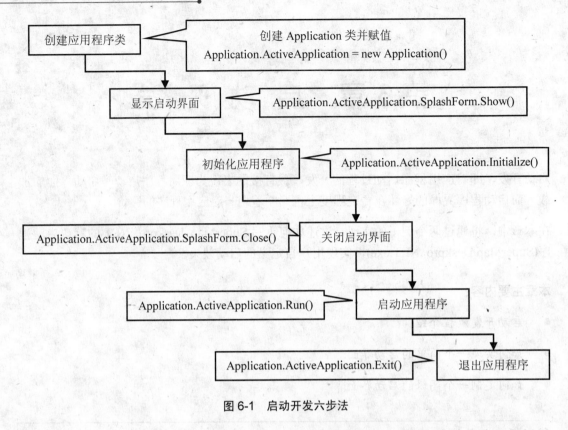

图 6-1　启动开发六步法

6.2　简　单　定　制

本节将实现加载一个简单的启动界面的示例。在启动 SuperMap Deskpro .NET 的过程中首先弹出自定义的一个启动界面，然后出现 SuperMap Deskpro .NET 主界面。本例设定的启动界面通过 Form(窗体)展现。

实现本例简单定制的开发思路如下。

首先创建项目并配置项目环境，然后执行以下 6 个步骤。

(1) 在程序主入口处创建应用程序类 Application，即创建一个 SuperMap Deskpro .NET 主窗口及其资源，以便后续通过该对象实现显示启动界面等操作。

(2) 设计用于展现启动界面的窗体，实现 ISplashForm 接口，重写 ISplashForm.Show()方法实现将启动界面窗体打开。利用 Application.SplashForm.Show()将启动界面打开。

(3) 调用 Application.Initialize()实现应用程序的初始化，打开 SuperMap Deskpro .NET 主界面。

(4) 重写 ISplashForm.Close() 方法实现关闭启动界面窗体，利用 Application.SplashForm.Close()将启动界面关闭。

(5)　利用 Application.Run()将 SuperMap Deskpro .NET 主窗口打开。此时可以在 SuperMap Deskpro .NET 主窗口中进行相关的 GIS 数据处理、分析等操作。

(6)　为了避免工作空间等对象未释放，因此，在启动开发程序最后要利用 Application.Exit() 退出应用程序。

下面详细介绍简单定制的实现过程。

> 本例使用的示范程序位于配套光盘\示范程序\第 6 章_启动开发\SampleCustomStartup 目录。

📝**提示**　本小节中的范例程序因为是对默认启动程序的重写，所以生成的 exe 直接放置到 *产品安装目录的* bin *目录中即可。*

6.2.1　新建项目

在启动开发之前，需要先在 Visual Studio 2008 中新建 Visual C#项目，在本例中还需要添加 开发时用到的引用并修改项目输出路径。

新建项目和项目环境配置的详情可参见第 2 章，在此不再赘述。

1．新建项目

在 Visual Studio 2008 中新建一个 Windows 窗体应用程序，如图 6-2 所示。

图 6-2　新建项目

🖐**注意**　重写 SuperMap Deskpro .NET 的默认启动程序，需要新建的是 Windows 窗体应 用程序。

---

2. 添加引用

将 SuperMap Deskpro .NET 安装目录 Bin 中 SuperMap.Data.dll、SuperMap Desktop.Core.dll 和 SuperMap.Desktop.UI.Controls.dll 三个动态库添加到项目中。添加后如图 6-3 所示。

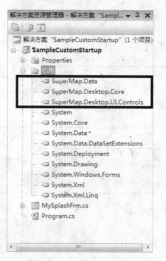

图 6-3　添加引用

> **注意**　由于本例将项目输出路径设置为 SuperMap Deskpro .NET 安装目录的 Bin 目录，为避免程序调试或者运行时再次将引用的 dll 由 SuperMap Deskpro .NET 安装目录下的 Bin 文件夹中自动复制到项目输出路径下，需将引用的 dll 的"复制本地"属性更改为 False，如图 6-4 所示。

图 6-4　修改引用属性

3. 配置项目环境

项目环境的配置主要是修改项目输出路径。

在本例中，需要将项目生成的 exe 直接放置到 SuperMap Deskpro .NET 安装目录的 Bin 文件夹中。在项目属性对话框的"生成"选项卡中修改"输出路径"，如图 6-5 所示。

图 6-5　修改项目属性

注意　如果不将程序生成的 exe 放置到 SuperMap Deskpro .NET 安装目录的 Bin 文件夹下，可以不做此操作，但建议还是如此操作，为后续程序的迁移做好准备。

在添加引用、配置项目环境等步骤完成之后，接下来就是实现启动开发的基本流程。

6.2.2　创建 Application

启动程序的重写，整个功能实现所用到的代码需在 Program.cs 类中"应用程序的主入口点"Main()处实现。

对于 SuperMap Deskpro .NET 来说，一个主窗口及相关资源对应一个 Application(应用程序类)实例，即一个 SuperMap Deskpro .NET 应用程序对应一个 Application 实例。SuperMap Deskpro .NET 一切工作的开始都是从 Application 对象开始的。Application 类是可创建类，只有在创建 Application 对象之后，才能实现后续的打开启动界面、初始化应用程序、启动应用程序等工作。因此对于一个全新的启动程序来说，首先的工作就是创建一个 Application 对象并赋值，在 Program.cs 类中添加如下粗体代码，并去除代码 Application.Run(new Form1());。

```
using System;
using System.Collections.Generic;
```

```
using System.Linq;
using System.Windows.Forms;
using SuperMap.Desktop;
using System.Threading;

namespace SampleCustomStartup
{
    static class Program
    {
        /// <summary>
        /// 应用程序的主入口点
        /// </summary>
        [STAThread]
        static void Main()
        {
            System.Windows.Forms.Application.EnableVisualStyles();
            System.Windows.Forms.Application.SetCompatibleTextRenderingDefault(false);
            try
            {
                //创建应用程序
                SuperMap.Desktop.Application.ActiveApplication = new SuperMap.Desktop.Application();
            }
            catch (Exception ex)
            {
                MessageBox.Show(ex.StackTrace);
            }
        }
    }
}
```

创建 Application 对象并赋值后，才能使其他需要使用 Application 实例的地方能够得到当前激活的 Application 对象，并进行相关的操作。

6.2.3 显示启动界面

本例中设定启动界面使用窗体来展现，在启动界面上显示一个背景图片，并在界面上显示文字"SuperMap 可扩展式桌面"，如图 6-6 所示。

显示启动界面的实现首先需要对窗体进行开发，其次实现 ISplashForm 接口，用于处理启动时需要展示的信息，包括背景图片、相关信息、动态图片、进程条等。本例通过重载 ISplashForm.Show()方法来打开启动界面，即窗体，并动态设定启动界面显示文本，最后利用 Application.SplashForm.Show()实现显示启动界面。

(1) 窗体的开发。
启动界面的背景图片通过设置窗体的 BackgroundImage 属性实现，启动界面的文本展现通过窗体的 Label 控件实现，并且本例通过动态设置 Label 的 Text 值的方式来展现文本。

图 6-6　自定义启动界面

(2) 修改窗体属性。

本例在新建项目时自动生成了一个窗体，将其作为启动界面，因此需要对窗体的属性进行如下修改。

- 窗体名称修改为 MySplashFrm。

- 修改窗体边框风格：FormBorderStyle 为 None，即无边框和标题风格。

- 设置窗体背景图片 BackgroundImage，如图 6-7 所示。本示例使用的背景图片位于配套光盘\示范程序\第 6 章_启动开发\SampleCustomStartup\SampleCustomStartup\Resources\startup.png。可以将其复制到项目目录中。背景图片设置完成后，需要根据图片大小对窗体尺寸进行调整。

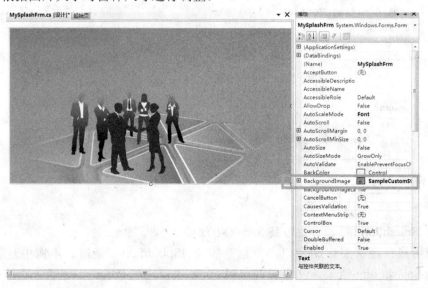

图 6-7　修改窗体属性

(3) 在窗体上添加 Label 控件，并设置属性。

对 Label 的属性进行如下修改。

- 设置 Label 控件的 Name 属性：labelMessage。

- 设置 Font 属性：方正姚体，25 pt。

- 设置 BackColor 属性：Transparent。

(4) 为窗体类 MySplashFrm 添加 Message 属性，以便动态获取启动界面的文本。
在 MySplashFrm.cs 中添加如下粗体代码。

```csharp
using System;
using System.Collections.Generic;
using System.ComponentModel;
using System.Data;
using System.Drawing;
using System.Linq;
using System.Text;
using System.Windows.Forms;

namespace SampleCustomStartup
{
    public partial class MySplashFrm : Form
    {
        public MySplashFrm()
        {
            InitializeComponent();
        }

        //获取或者设置启动界面的文本信息
        public String Message
        {
            get
            {
                return labelMessage.Text;
            }
            set
            {
                labelMessage.Text = value;
            }
        }
    }
}
```

(5) 实现 ISplashForm 接口，重写其 Show()方法。
实现用户自定义的启动窗口，重点是实现 ISplashForm 接口。本例中是新建一个
TempSplashForm 类型，并实现 ISplashForm 接口。在 Program.cs 类中添加如下粗体
代码。

```csharp
namespace SampleCustomStartup
{
    static class Program
```

```
    {
        // 实现 ISplashForm 接口，处理启动界面的显示信息、背景图片等
        class TempSplashForm : ISplashForm
        {
            // 本例使用窗体作为启动界面，因此定义窗体类
            private MySplashFrm m_splashForm;
            private Thread m_thread;

            public System.Drawing.Bitmap BackgroundImage
            {
                get
                {
                    return null;
                }
                set
                {
                }
            }

            public System.Windows.Forms.Control.ControlCollection Controls
            {
                get
                {
                    return null;
                }
            }

            // 重写 Show 方法，运行启动界面——MySplashFrm(窗体类)并动态设置启动界面的显示文本
            public void Show()
            {
                m_splashForm = new MySplashFrm();
                m_thread = new Thread(new ThreadStart(ShowSplash));
                m_thread.Start();
            }

            private void ShowSplash()
            {
                m_splashForm.Message = "SuperMap 可扩展式桌面";
                System.Windows.Forms.Application.Run(m_splashForm);
            }
        }
    }
}
```

(6) 实现 IOutput 接口，创建输出窗口对象。

实现该接口的类主要通过事件和相关方法来实现信息输出和日志记录功能。当需要输出信息时，就会触发 Outputing 事件。用户可以通过该事件来过滤输出信息的内容以及添加一些额外的信息，或者控制是输出信息还是日志，或者输出两者。IOutput 接口的详情请参见第 3 章。本例在 Program.cs 类中添加如下粗体代码。

```
namespace SampleCustomStartup
{
    static class Program
    {
        // 实现输出窗口
        class MyOutput : IOutput
        {
            public void ClearOutput()
            {
            }
            public bool IsTimePrefixAdded
            {
                get
                {
                    return true;
                }
                set
                {
                }
            }
            public bool IsWordWrapped
            {
                get
                {
                    return true;

                }
                set
                {
                }
            }
            public int LineCount
            {
                get
                {
                    return 0;
                }
            }
            public void Log(string message, SuperMap.Data.LogLevel level)
            {
            }
            public int MaxLineCount
            {
                get
                {
                    return 0;
                }
                set
                {

                }
            }
```

```
            public void Output(string message, InfoLevel level)
            {
            }
            public void Output(string message)
            {
            }
            public void Output(string message, InfoType Type)
            {
            }
            public event OutputingEventHandler Outputing;
            public string TimePrefixFormat
            {
                get
                {
                    return String.Empty;
                }
                set
                {
                }
            }
            public string this[int line]
            {
                get
                {
                    return string.Empty;
                }
            }
        }
    }
}
```

(7) 利用 Application 对象显示启动界面。

Application 对象是 SuperMap Deskpro .NET 应用程序的实例，因此需要利用
Application.SplashForm 来设置启动界面。在 Program.cs 的 Main()中把 Application 对象
的启动界面指向前文中实现的 TempSplashForm 的一个实例，显示启动界面。代码如
粗体部分所示。

```
/// <summary>
/// 应用程序的主入口点
/// </summary>
[STAThread]
static void Main()
{
    System.Windows.Forms.Application.EnableVisualStyles();
    System.Windows.Forms.Application.SetCompatibleTextRenderingDefault(false);
    try
    {
        //创建应用程序、启动界面和输出窗口
        SuperMap.Desktop.Application.ActiveApplication = new SuperMap.Desktop.Application();
        TempSplashForm m_userSplashForm = new TempSplashForm();
```

```
MyOutput myOutput = new MyOutput();

    //设置相关成员
    SuperMap.Desktop.Application.ActiveApplication.SplashForm = m_userSplashForm;
    SuperMap.Desktop.Application.ActiveApplication.Output = myOutput;
    //显示启动界面
    SuperMap.Desktop.Application.ActiveApplication.SplashForm.Show();
}
catch (Exception ex)
{

    MessageBox.Show(ex.StackTrace);
}
}
```

单击 VS 2008 工具栏中的运行按钮 ▶，得到的自定义效果如图 6-8 所示。

图 6-8 自定义启动界面

6.2.4 初始化应用程序

启动界面显示之后，需要执行 SuperMap Deskpro .NET 应用程序的初始化工作，直接利用
Application.Initialize()实现。在 Main()函数中显示启动界面的代码之后添加如下粗体代码。

```
//显示启动界面
SuperMap.Desktop.Application.ActiveApplication.SplashForm.Show();

//初始化应用程序
SuperMap.Desktop.Application.ActiveApplication.Initialize();
```

6.2.5 关闭启动界面

在正式启动 SuperMap Deskpro .NET 应用程序之前，需要先结束启动界面的显示。本例关闭启动界面就是关闭 MySplashFrm 窗体，因此首先在 6.2.3 节实现的 TempSplashForm 类中重写 Close()方法，代码见下文粗体。

```
class TempSplashForm : ISplashForm
{
    // 本例使用窗体作为启动界面，因此定义窗体类
    private MySplashFrm m_splashForm;
    private Thread m_thread;

    // 重写 Close 方法，实现对窗体的关闭
    public void Close()
    {
    m_splashForm.Close();
    }

    // 重写 Hide 方法，实现对窗体的隐藏
    public void Hide()
    {
    m_splashForm.Hide();
    }
    // 重写 Show 方法，运行启动界面——MySplashFrm(窗体类)并动态设置启动界面的显示文本
    public void Show()
    {
    m_splashForm = new MySplashFrm();
    m_thread = new Thread(new ThreadStart(ShowSplash));
    m_thread.Start();
    }
}
```

实际上，ISplashForm 接口提供了 Hide()和 Close()方法实现启动界面的不显示。两者的区别在于：调用 Hide()方法没有关闭启动界面，而是隐藏了启动界面，在调用 Show()方法后，还可以显示启动界面；调用 Close()方法后启动界面被关闭，不能通过调用 Show()方法再次显示启动界面。

在 Program.cs 的 Main()函数中利用 Application 对象关闭启动界面，代码如下文粗体部分所示。

```
//初始化应用程序
SuperMap.Desktop.Application.ActiveApplication.Initialize();
```

//关闭启动界面
SuperMap.Desktop.Application.ActiveApplication.SplashForm.Close();

在重写应用程序的启动程序(*.exe)时，必须调用 Close() 方法关闭启动界面，否则，即使应用程序被关闭了，启动界面仍然在运行。

6.2.6　启动应用程序

完成启动界面的显示和关闭以及应用程序的初始化后，执行启动应用程序的工作。在

Program.cs 的 Main()函数中利用 Application 对象启动应用程序，代码如下文粗体部分所示。

```
//关闭启动界面
SuperMap.Desktop.Application.ActiveApplication.SplashForm.Close();
//启动应用程序
SuperMap.Desktop.Application.ActiveApplication.Run();
```

单击 VS 2008 工具栏中的运行按钮 ▶，在启动界面显示和消失后 SuperMap Deskpro .NET 应用程序被打开，直接进入 SuperMap Deskpro .NET 默认界面，如图 6-9 所示。

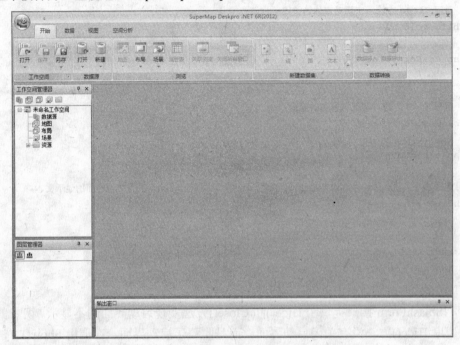

图 6-9　应用程序初始化界面

6.2.7　退出应用程序

在打开 SuperMap Deskpro .NET 主界面后，就可以进行软件相关操作，例如打开工作空间、打开地图等。但是，在启动界面重写代码这部分，为避免出现应用程序操作之后，工作空间等对象未释放的情况，需要在启动程序中实现退出应用程序的代码，如下文粗体部分所示。

```
//启动应用程序
SuperMap.Desktop.Application.ActiveApplication.Run();
//退出应用程序
SuperMap.Desktop.Application.ActiveApplication.Exit();
```

至此，简单定制的启动程序就完成了。

6.3　高级定制

在实际的项目应用中，有时需要对用户的操作权限进行控制。例如，管理员可以编辑地图，但游客只能浏览地图。本节将通过一个示例(CustomDesktop)介绍如何使用启动开发实现根据用户操作权限启动不同的 SuperMap Deskpro .NET 工作环境。

📝**提示**　由于本示例的运行会直接修改 SuperMap Deskpro .NET 安装目录\Configuration 文件夹中的 SuperMap.Desktop.Startup.xml 文件，因此建议在学习本节前，先对 SuperMap Deskpro .NET 安装目录\Configuration 目录进行备份。

实现本例的开发思路如下。

(1)　开发前准备工作，为具有不同权限的用户创建不同的工作环境。

(2)　开发登录界面，获取登录权限。

(3)　根据登录权限修改 SuperMap Deskpro .NET 的工作环境配置。

(4)　根据启动开发六步法，依次创建 Application，显示启动界面，初始化应用程序，关闭启动界面，启动应用程序，最后退出应用程序。启动应用程序时，SuperMap Deskpro .NET 会根据第(3)步设定的工作环境进行相应插件的加载。

6.3.1　创建工作环境

本例中管理员具有编辑地图的权限，游客只具有地图浏览的权限，因此需要对 SuperMap Deskpro .NET 的工作环境进行定制。

(1)　创建工作环境目录。
　　在 SuperMap Deskpro .NET 安装目录\WorkEnvironment 目录中创建自定义的工作环境目录。本例在 WorkEnvironment 中分别创建 Admin 和 Browser 目录。其中 Admin 为管理员提供工作环境，Browser 为游客提供工作环境。

(2)　复制插件配置文件。
　　SuperMap Deskpro .NET 安装目录\WorkEnvironment 目录中内置了一个默认工作环境 Default，该目录中放置了 SuperMap Deskpro .NET 提供的所有插件的配置文件。为了简化，本例直接从 Default 目录中选取插件配置文件复制到 Admin 和 Browser 目录中。Admin 和 Browser 目录下的配置文件如图 6-10 所示。关于配置文件的说明参见本书第 4 章。

```
├─Admin
     SuperMap.Desktop.Conversion.config
     SuperMap.Desktop.DataEditor.config
     SuperMap.Desktop.DataView.config
     SuperMap.Desktop.Frame.config
     SuperMap.Desktop.MapEditor.config
     SuperMap.Desktop.MapView.config
     SuperMap.Desktop.RealspaceView.config
     SuperMap.Desktop.TabularView.config

├─Browser
     SuperMap.Desktop.Frame.config
     SuperMap.Desktop.MapView.config
```

图 6-10   Admin 和 Browser 目录下的配置文件

6.3.2   开发登录界面

登录界面的主要作用是获取登录权限，具体实现步骤如下。

> **注意**   启动开发高级定制的流程和简单定制一样，因此下文中对项目环境的配置将不做
> 详述，直接介绍界面开发。

(1)   创建登录界面。

新建一个窗体 LoginFrm，窗体的设置如图 6-11 所示。

图 6-11   启动界面

窗体上主要的控件信息如下。

● RadioButton 控件：Name 属性值为 radioButtonAdmin，Text 属性值为"系统管理"。

● RadioButton 控件：Name 属性值为 radioButtonBrowser，Text 属性值为"地图浏览"。

● Button 控件：Name 属性值为 buttonOK，Text 属性值为"登录"，DialogResult 属性值
为 OK。

● Button 控件：Name 属性值为 buttonCancel，Text 属性值为"退出"，DialogResult 属
性值为 Cancel。

设置窗体 LoginFrm 的"接受"和"取消"按钮，即设置 LoginFrm 的 AcceptButton 属性值
为 buttonOK(登录)，CancelButton 为 buttonCancel(退出)，如图 6-12 所示，以保证在单击窗

体界面的"登录"或"退出"按钮后，可以执行相应的程序代码。

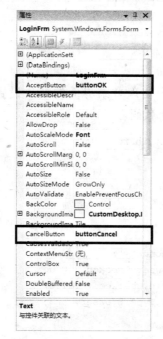

图 6-12 LoginFrm 窗体属性设置

(2) 实现登录界面获取用户权限的功能。

登录界面配置完成之后，在 LoginFrm.cs 中实现获取登录权限的功能。具体实现步骤如下。

① 定义登录权限类型 UserType。在 LoginFrm.cs 中添加如下粗体代码。

```
using System;
using System.Collections.Generic;
using System.ComponentModel;
using System.Data;
using System.Drawing;
using System.Linq;
using System.Text;
using System.Windows.Forms;

namespace CustomDesktop
{
    public partial class LoginFrm : Form
    {
        public LoginFrm()
        {
            InitializeComponent();
        }
    }
    public enum UserType
    {
```

```
        //定义用户类型枚举
        Admin = 1,
        Browser = 2,
    }
}
```

② 在 LoginFrm 窗体类中实现登录界面的默认设置和用户登录类型的设置。在 LoginFrm.cs 中添加如下代码。

```csharp
public partial class LoginFrm : Form
{
    // 用户登录类型
    UserType userType;
    // 设定默认用户登录状态
    public LoginFrm()
    {
        InitializeComponent();
        radioButtonBrowser.Checked = true;
        radioButtonAdmin.Checked = false;
        userType = UserType.Browser;
    }

    // 获取登录界面指定的登录权限类型
    public UserType User
    {
        get
        {
            return userType;
        }
    }

    // 保证 Admin 和 Browser 状态冲突
    private void radioButtonAdmin_CheckedChanged(object sender, EventArgs e)
    {
        //
        if (radioButtonAdmin.Focused)
        {
            radioButtonBrowser.Checked = !radioButtonAdmin.Checked;
        }
    }

    // 保证 Admin 和 Browser 状态冲突
    private void radioButtonBrowser_CheckedChanged(object sender, EventArgs e)
    {
        if (radioButtonBrowser.Focused)
        {
            radioButtonAdmin.Checked = !radioButtonBrowser.Checked;
        }
    }

    // 获取登录权限
```

```
        private void buttonOK_Click(object sender, EventArgs e)
        {
            //确定登录用户的权限
            if (radioButtonAdmin.Checked)
            {
             userType = UserType.Admin;
            }
            else
            {
             userType = UserType.Browser;
            }
        }
        private void buttonCancel_Click(object sender, EventArgs e)
        {
            this.Close();
        }
    }
```

③ 在程序主入口处显示登录界面，获取登录权限。在 Program.cs 的 Main()函数中添加如下粗体代码。

```
using System;
using System.Collections.Generic;
using System.Linq;
using System.Drawing;
using System.Threading;
using System.Xml;
using SuperMap.Desktop;
using SuperMap.UI;
using SuperMap.Data;

namespace CustomDesktop
{
    static class Program
    {
        /// <summary>
        /// 应用程序的主入口点
        /// </summary>
        [STAThread]
        static void Main()
        {
            System.Windows.Forms.Application.EnableVisualStyles();
            System.Windows.Forms.Application.SetCompatibleTextRenderingDefault(false);
            try
            {
                //显示登录界面
                LoginFrm m_loginForm = new LoginFrm();
                if (m_loginForm.ShowDialog() == System.Windows.Forms.DialogResult.Cancel)
                {
                    return;
                }
```

```
            }
                catch (Exception ex)
                {
                    System.Windows.Forms.MessageBox.Show(ex.StackTrace);
                }
            }
        }
    }
```

> **注意** 在登录界面中设置 LoginFrm 窗体的接受和取消按钮，目的就是在此获取到相应的 DialogResult 返回值后，进行下一步代码的实现。

6.3.3 修改全局配置文件

SuperMap Deskpro .NET 运行时使用哪个工作环境，是通过全局配置文件(SuperMap.Desktop.Startup.xml)来指定的。全局配置文件位于 SuperMap Deskpro .NET 安装目录\Configuration 文件夹下。通过该文件中的 <workEnvironment default ="default"></workEnvironment> 标签中的 default 属性来指定工作环境文件夹的名称。有关全局配置文件的介绍参见第 4 章。本示例中，登录界面获取登录权限后，根据权限修改 SuperMap Deskpro .NET 的全局配置文件，通过对全局配置文件中工作环境名称的重写实现不同用户对应不同的工作环境。

在 Main()函数中实现修改全局配置文件的代码如下。其中，当登录权限为 Browser 时，设置了登录后直接打开示例数据 World.smwu 中第一幅地图的操作，实现代码详见 FormBase_LoadedUI(object sender, EventArgs e)事件。

```
static void Main()
{
    System.Windows.Forms.Application.EnableVisualStyles();
    System.Windows.Forms.Application.SetCompatibleTextRenderingDefault(false);
    try
    {
        //显示登录界面
        LoginFrm m_loginForm = new LoginFrm();
        if (m_loginForm.ShowDialog() == System.Windows.Forms.DialogResult.Cancel)
        {
            return;
        }
        // 根据用户不同，修改程序的配置文件
        String configFileName =@"..\Configuration\SuperMap.Desktop.Startup.xml";
        XmlDocument xmlDocument = new XmlDocument();
        xmlDocument.Load(configFileName);
        String defaultworkEnvironmentName;
        if (m_loginForm.User == UserType.Admin)
        {
            defaultworkEnvironmentName = "Admin";
        }
```

```
    else
    {
        //用户为 Browser 时执行打开指定地图的操作
        defaultworkEnvironmentName = "Browser";
        FormBase.LoadedUI += new EventHandler(FormBase_LoadedUI);
    }

    //保存配置文件
    XmlNodeList nodes = xmlDocument.GetElementsByTagName("workEnvironment");
    XmlAttribute xmlAttribute = nodes[0].Attributes[0].CloneNode(false) as XmlAttribute;
    xmlAttribute.Value = defaultworkEnvironmentName;
    nodes[0].Attributes.RemoveAll();
    nodes[0].Attributes.Append(xmlAttribute);
    xmlDocument.Save(configFileName);
}
catch (Exception ex)
{
    System.Windows.Forms.MessageBox.Show(ex.StackTrace);
}
}

static void FormBase_LoadedUI(object sender, EventArgs e)
{
    // 打开示范数据中的世界地图
    String workspaceFileName = @"..\SampleData\World\World.smwu";
    WorkspaceConnectionInfo workspaceConnectInfo = new WorkspaceConnectionInfo(workspaceFileName);
    Application.ActiveApplication.Workspace.Open(workspaceConnectInfo);

    //创建地图窗口
    IFormMap formMap = Application.ActiveApplication.CreateMapWindow();
    if (Application.ActiveApplication.Workspace.Maps.Count > 0)
    {
        formMap.MapControl.Map.Workspace = Application.ActiveApplication.Workspace;

        //打开工作空间中的第一个地图
        String mapName = Application.ActiveApplication.Workspace.Maps[0];
        formMap.MapControl.Map.Open(mapName);

        //设置默认鼠标操作方式
        formMap.MapControl.Action = SuperMap.UI.Action.Pan;
    }
}
```

6.3.4 实现启动界面

工作环境的配置完成后，就可以按照启动界面开发六步法，进行应用程序的创建、启动界面的显示、应用程序的初始化等工作。由于该步骤的开发与 6.2 节相同，因此不详细介绍，具体代码如下所示，在 Main()中实现。

```
//创建应用程序、启动界面和输出窗口
Application.ActiveApplication = new Application();
TempSplashForm m_userSplashForm = new TempSplashForm();
MyOutput myOutput = new MyOutput();

//设置相关成员
Application.ActiveApplication.SplashForm = m_userSplashForm;
SuperMap.Desktop.Application.ActiveApplication.Output = myOutput;

//显示启动界面
Application.ActiveApplication.SplashForm.Show();

//初始化应用程序
Application.ActiveApplication.Initialize();

//关闭启动界面
Application.ActiveApplication.SplashForm.Close();

//启动应用程序
Application.ActiveApplication.Run();

//退出应用程序
Application.ActiveApplication.Exit();
```

> 说明 此段代码中，对 TempSplashForm 类的重写可参见 6.2 节。

6.3.5 运行调试

单击 VS 2008 工具栏中的运行按钮 ▶，在弹出的登录界面中，选择"系统管理"或者"地图浏览"，然后单击"登录"按钮。可以看到示例中，当以"系统管理"身份登录时，修改系统默认配置文件(SuperMap.Desktop.Startup.xml)中的工作环境为 Admin，如图 6-13 所示。

```
<!--启动SuperMap Desktop .NET时，默认加载的工作环境-->
<workEnvironment default="Admin"></workEnvironment>
```

图 6-13 "系统管理"工作环境

同理，以"地图浏览"身份登录时，修改系统默认配置文件(SuperMap.Desktop.Startup.xml)中的工作环境为 Browser，如图 6-14 所示。

```
<!--启动SuperMap Desktop .NET时，默认加载的工作环境-->
<workEnvironment default="Browser"></workEnvironment>
```

图 6-14 "地图浏览"工作环境

在本例中，以"地图浏览"身份登录设置了登录后直接打开示例数据 World.smwu 中第一幅地图的操作，运行此程序后，得到如图 6-15 所示的结果。

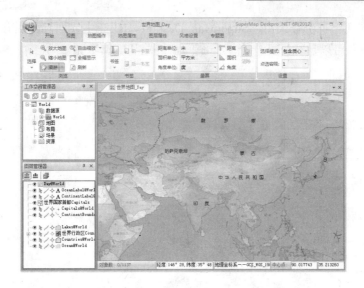

图 6-15 "地图浏览"运行界面

本示例的完整运行过程如图 6-16 和图 6-17 所示。

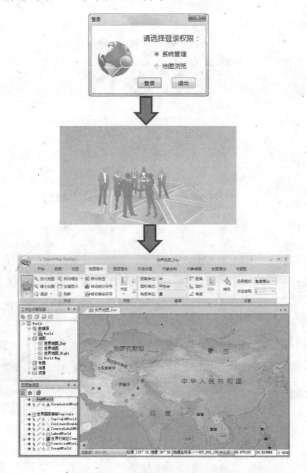

图 6-16 "系统管理"运行效果

如果以"系统管理"身份登录后，SuperMap Deskpro .NET 主界面打开后并不会打开任何
GIS 数据，浏览者可以自行打开一个工作空间，浏览和编辑数据。

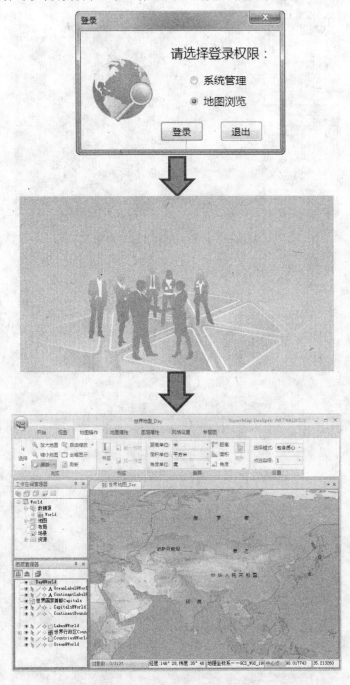

图 6-17　"地图浏览"运行效果

可以看到以"系统管理"身份登录获取到的 SuperMap Deskpro .NET 主界面比"地图浏览"
身份登录的界面多了"数据"、"对象绘制"和"对象编辑"三个选项卡。

此外，在实际项目应用中，也可以将用户的登录权限写入数据库中，从数据库中读取用户对应的操作权限，加强系统的安全性。

6.4　本章小结

在本章中，通过 SampleCustomStartup 和 CustomDesktop 两个例子，学习了如何对 SuperMap Deskpro .NET 的默认启动程序(SuperMap Deskpro .NET.exe)进行重写，实现用户自定义的启动界面效果。

启动开发实现的基本流程遵循六步法。启动界面的效果(即创建窗体并实现其效果)，用户可以根据需求进行多样化定制。

第 7 章 应 用 案 例

本书前文详细介绍了 SuperMap Deskpro .NET 的对象模型、界面配置以及如何实现插件开发，本章将介绍基于该软件扩展开发的 GIS 应用案例。

通过本章的学习，可以了解到使用 SuperMap Deskpro .NET 实现的插件实例，还可以了解在实际应用开发中，如何使用 SuperMap Deskpro .NET 提供的 GIS 功能以及插件式开发机制快速搭建 GIS 系统。

本章主要内容：

- 公共气象服务平台的总体设计、插件设计及实现

- 水利空间信息服务平台三维展示系统的功能展示

- 地理数据数字水印插件的设计与实现

- 数字洞头三维景观信息系统的设计与实现

🌐说明　本章涉及的案例，版权归开发者所有。

7.1　公共气象服务平台

公共气象服务平台是由北京超图软件股份有限公司开发的行业应用平台，主要用于解决公共气象服务领域中的应用需求。该平台基于 SuperMap Deskpro .NET 扩展开发，采用并充分发挥 SuperMap Deskpro .NET 插件开发框架的优势，用户可以直接安装应用，也可以在此基础上进行定制，以满足气象行业的各类专项应用。

以下将简要介绍该公共气象服务平台的总体设计、系统功能及部分功能插件的实现思路。

7.1.1　总体设计

目前 GIS 在气象行业的应用已经非常普遍，从气象数据管理、气象要素显示、三维显示、插值分析、叠加分析、基于地理空间的综合气象信息查询、观测站点定位，到气象专题图制作、输出、产品发布等，都需要用到 GIS。

GIS 系统一般都是采用 GIS 开发平台进行二次开发实现，通过这种方式虽然能够开发出符合气象业务需求的 GIS 产品，但是每次构建新的 GIS 系统时，都需要重复开发大量的基础

GIS 功能，如数据管理、地图浏览等，致使开发周期长、人力资源成本高。因此在进行该公共气象服务平台总体设计时希望能够找到一款既具备通用 GIS 功能，又能提供扩展开发的桌面 GIS 软件。SuperMap Deskpro .NET 就能满足这样的需求。(本书第 1 章已经对 SuperMap Deskpro .NET 的产品特色及主要功能做过介绍，此处不再赘述。)

结合 SuperMap Deskpro .NET 软件的特点，公共气象服务平台总体设计如图 7-1 所示采用四层架构，分别是数据层、数据访问层、业务框架层和应用层。

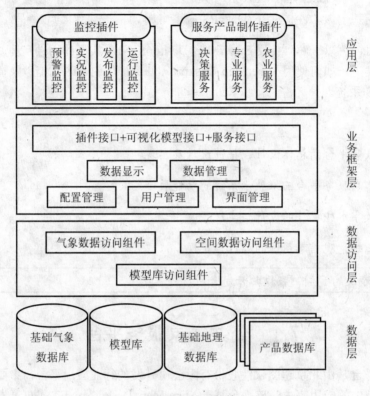

图 7-1 设计架构

第一层是数据层，主要提供基础气象数据库、模型库、基础地理数据库、产品数据库等。基础气象数据库主要存储在气象业务中采集的各种类型的原始数据；模型库指产品制作、产品发布及数据加工处理等可以流程化处理的模型；基础地理数据库主要用于做地图；产品数据库存储产品制作、产品发布等的结果数据，主要以文件的方式存储。

第二层是数据访问层，提供用于数据访问的各种组件和接口。单独的访问层可以增加系统的独立性，使整个系统框架独立于数据。由于气象数据行业特点突出，SuperMap Deskpro .NET 提供的数据访问能力不能完全满足需求，因此较为独立的访问层设计更便于进行功能扩展。

第三层是业务框架层，该层采用 SuperMap Deskpro .NET 提供的插件框架作为系统框架，在框架中包括基本的功能模块、系统界面和扩展服务接口。

- 基本功能模块中的数据管理、数据浏览、数据显示、数据处理等功能由 SuperMap

Deskpro .NET 提供，该平台在此基础上扩展了针对气象数据的数据显示、处理分析等
能力。

- 系统界面设计风格与 SuperMap Deskpro .NET 保持一致，仅针对气象业务的需求重新
  配置界面。

- 扩展服务接口是该平台基于 SuperMap Deskpro .NET 进行扩展的主体，可以看作
  SuperMap Deskpro .NET 插件框架的延伸，具体实现思路详见 7.1.2 节。

第四层是应用层，该层是预留的扩展层，在业务框架层的基础上，根据框架提供的接口和
服务完成各项业务功能。

7.1.2　业务框架实现思路

公共气象服务平台沿用 SuperMap Deskpro .NET 插件扩展机制的程序框架，实现真正意义
上的"即插即用"。这使得待开发的目标软件分为两部分：一部分为程序的主体或主框架，
定义为平台；另一部分为功能扩展或补充模块，定义为插件。同时，针对气象行业的一些
规则性较强的分析和处理流程希望能够以"可视化模型"的形式保存下来，以便下次再次
执行。因此在实现该公共气象服务平台时，采用"平台+插件+可视化模型"的软件结构。

先来解释一下"可视化模型"，它由一些基本功能组合而成，完成一项气象业务流程。这
些功能可以是 SuperMap Deskpro .NET 已经提供的基础功能，也可以由 SuperMap
Deskpro .NET 扩展出来的功能插件提供。它们任意组合完成一项复杂的工作，并且这些功
能可以通过统一的接口进行扩充。"可视化模型"在重组这些功能时，设置了模型参数，
便于使用者对"可视化模型"进行修改和调整。设置好的模型存储在模型库中，下次使用
时可以通过模型执行功能来完成。图 7-2 为可视化建模的工作流程。

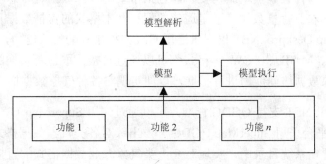

图 7-2　可视化建模工作流程

当确定"平台+插件+可视化模型"的软件结构之后，首先要分析哪些功能由主体完成，哪
些功能由插件完成。为了支持模型，还需要开放平台中的相关对象及其属性和方法。根据
上述分析，平台中应包括的基础功能，如 GIS 基本功能、数据管理功能、气象资料显示功
能全部在平台中实现，产品制作、状态管理等通过插件和模型来实现。

为了实现"平台+插件+可视化模型"的软件设计需要定义两个标准接口：一个是由平台所

实现的平台扩展接口，一个是插件和模型所实现的插件接口。这里需要说明的是：平台扩展接口完全由平台实现，插件和模型只是调用和使用；插件接口完全由插件实现，平台也只是调用和使用。平台扩展接口实现插件向平台方向的单向通信，插件通过平台扩展接口可获取主框架的各种资源和数据，可包括各种系统句柄、程序内部数据以及内存分配等。插件接口为平台向插件方向的单向通信，平台通过插件接口调用插件所实现的功能，读取插件处理的数据等。

7.1.3 平台框架功能介绍

图 7-3 是该公共气象服务平台的框架功能结构。由于本书旨在说明基于 SuperMap Deskpro .NET 扩展开发的应用，因此以下仅选取几个功能点进行介绍。

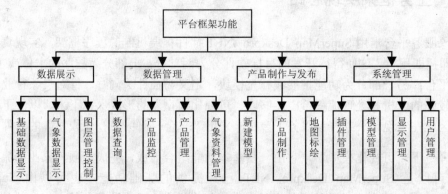

图 7-3 框架功能结构

1. 气象数据显示与管理

气象业务涉及的数据种类繁多、结构复杂，包括常规的气象数据、生态环境监测数据、农业气象观测数据、农业背景数据、卫星遥感数据、文本格式的灾情数据及二进制图像数据等。由于 SuperMap Deskpro .NET 仅提供通用 GIS 数据格式的集成能力，如对 SHP、TAB、DWG、JPG、TIF、MrSID、ECW 等格式都可以通过直接读取或者转换的方式打开显示，因此该平台对气象数据访问能力进行扩展，以便实现对各种气象数据格式的显示。

SuperMap Deskpro .NET 支持 OGDC 标准，可以通过调用 SuperMap OGDC 接口访问各种 GIS 数据。因此该平台采用 SuperMap OGDC 开发出针对各类气象数据格式进行访问的标准动态链接库，放置在系统目录中，实现对 9 大类气象专业数据格式的直接支持，这 9 类格式包括 Micaps、GRIB、HDF、NetCDF、AWX、GPF、BUFR、Grads 和 Radar。

图 7-4 所示的平台主界面中展示的是地面填图的气象数据显示，数据格式为 Micaps，打开和显示方式与普通 GIS 格式的数据完全一致。此外该平台扩展开发"气象数据属性控制"浮动窗口，这个浮动窗口采用 List 方式提供对各类气象资料属性的查看和设置，控制地图上气象资料某项属性是否显示、显示方式等。

这样的设计符合气象数据显示标准，并且贴近气象专业人员操作习惯。实现"气象数据属性控制"浮动窗口所用到的对象及接口介绍可参考 3.2 节和 3.4 节，浮动窗口实现后，还需要进行界面配置，界面配置步骤可参考 4.3.6 节。

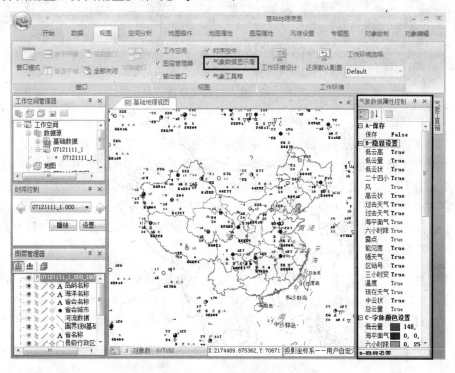

图 7-4 平台主界面

> 🌐 **说明** OGDC 是 Open Geospatial Database Connectivity(开放式空间数据库互联互访)的缩写，是国家 863 基金项目为了实现数据互操作而制定的一组标准。SuperMap OGDC 产品依照 OGDC 标准，由北京超图软件股份有限公司研制开发。通过该产品进行开发，使得各 GIS 厂商在不公开其底层文件格式的情况下，可以最大限度地方便数据使用者进行数据访问。本书不涉及 SuperMap OGDC 的具体开发方式。

2. 产品制作与发布

7.1.2 节中介绍了"可视化模型"的实现思路。在产品制作时，通过对"可视化模型"的修改和调整，可以完成大多数的产品制作，例如该平台提供的专家打分法模型模板和权重法模型模板就是通过"可视化模型"快速实现的。图 7-5 和图 7-6 分别为这两个模型模板。

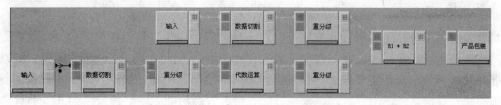

图 7-5 专家打分法模型模板

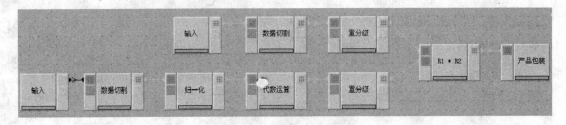

图 7-6　权重法模型模板

还有部分产品制作，可以通过用户交互来完成。交互式产品制作功能主要是图形的勾画、符号的添加等功能。SuperMap Deskpro .NET 已经提供图形的绘制等功能，但是为了使功能实现更加符合气象行业操作习惯，添加的点或线对象需要直接显示为所描述类型的符号或线型，并且由于气象专有符号较多，因此该平台采用 SuperMap Deskpro .NET 提供的符号及线型编辑器预先定义了 9 种气象专业符号库，如图 7-7 所示。用户操作时，直接在气象工具箱中选择所需符号，然后在图上进行标绘，标绘结果默认存放在一个 CAD 数据集中，以便用户再对这些标绘内容进行修改。

气象工具箱也是作为浮动窗口进行扩展开发的，使用到的对象、接口及界面配置方式与"气象数据属性控制"类似。如果用户希望根据自己的需要新增符号和线型，可以使用 SuperMap Deskpro .NET 提供的符号及线型编辑器绘制，也可以采用 5.2 节所述方法进行绘制，最后把绘制好的符号和线型添加到"气象工具箱"中即可。

图 7-7　支持的气象符号

3. 系统管理

公共气象服务平台作为一个行业应用平台，不仅要提供满足气象行业应用的通用性行业功能，还需要贴近行业标准以及符合操作者的使用习惯，因此除了以上介绍的气象 GIS 功能扩展开发外，该平台还需要做一些系统管理方面的定制。例如，用户管理模块提供了整个系统的统一身份认证、用户管理、权限分配、日志管理功能。该平台采用 SQL Server 数据库，所以数据库的用户管理模式直接继承 SQL Server 的用户和角色的概念，其用户管理功能采用插件提供(插件开发的详情参见第 5 章)。该平台还需要对 SuperMap Deskpro .NET 的启动界面进行定制，使该平台启动时可以选择用户，针对不同级别的用户，平台的使用权限以及开放的系统功能都有所不同(启动开发可以参考 6.3 节内容)。

7.2 水利空间信息共享服务平台三维展示系统

随着计算机、通信、网络技术和地理信息系统技术的发展，水利信息化建设进度大大加快。防洪抗旱系统、雨水情实时系统等水利综合业务系统的相继建成，使得水利业务日常工作中积累了大量的空间数据和业务应用，而传统的封闭单一的信息系统阻碍了数据和应用为更多的用户所用，从而无法发挥更大的作用。

水利空间信息共享服务平台是由北京超图软件股份有限公司基于 SuperMap iServer Java 软件研发的面向水利行业的共享服务平台。该平台针对空间信息资源进行整合，实现了 GIS 基础数据、水利专题数据的发布，并且提供水利专题应用服务的发布功能，增加了水利行业业务部门之间、业务应用之间的安全共享。

三维展示系统是水利空间信息共享服务平台的衍生应用系统，该系统在三维场景中实现水利基础设施全方位浏览、雨水情实时查询、溃坝模拟、水污染扩散和实时天气预报等功能。该三维展示系统基于 SuperMap Deskpro .NET 软件，利用其插件管理框架和 SuperMap 二三维一体化技术建立。由于本书着重介绍基于 SuperMap Deskpro .NET 的扩展开发，因此后文仅介绍该三维展示系统的总体设计及系统功能。

7.2.1 总体设计

水利空间信息共享服务平台三维展示系统需要考虑与水利空间信息共享服务平台进行对接，因此三维展示系统采用 C/S 和 B/S 相互结合的模式，包括数据层、平台层和应用扩展层，其系统架构如图 7-8 所示。

- 数据层：主要包括基础地理数据和水利专题数据，由水利空间信息共享服务平台以 OGC 标准服务(WMS、WFS)、REST 服务的方式提供，三维展示系统采用 SuperMap Deskpro .NET 的网络数据源加载方式进行实时调用。

- 平台层：系统平台采用 SuperMap Deskpro .NET 插件管理接口、界面接口、Ribbon 控件和各种 GIS 基础功能接口进行二次扩展，主要实现系统管理功能以及二三维一体化的数据管理、空间分析、网络分析等 GIS 功能。本系统为突出三维展示效果，自定义了一个系统界面，三维展示系统启动后可以实现其与 SuperMap Deskpro .NET 运行界面的任意切换。

- 应用扩展层：该层利用 SuperMap Deskpro .NET 提供的通用标准插件框架，进行雨水情展示、溃坝模拟、水污染扩散和天气预报等插件的扩展开发。

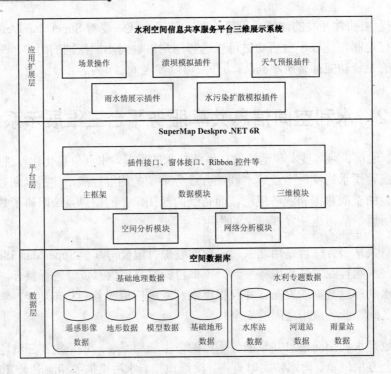

图 7-8 系统架构

7.2.2 系统功能

水利空间信息共享服务平台三维展示系统可以建立全国三维真实场景，提供与真实环境基本相符的三维空间水利专题信息展示、分析和模拟能力。图 7-9 为系统主界面。下面介绍该系统的主要功能。

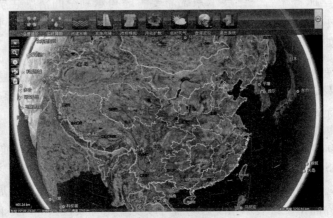

图 7-9 系统主界面

1. 三维场景控制

三维场景控制便于用户全方位浏览三维场景。系统提供了三维场景控制、三维图层控制、三维量算和三维飞行等功能。

- 三维场景控制：用户既可以通过三维窗口提供的三维导航工具，也可以通过鼠标键盘组合操作来实现放大、缩小、漫游、全球、倾斜、拉平竖起、旋转等场景操作。通过灵活的三维场景控制可以达到对水利基础设施，如水文站、降雨站、河流和水库等的实时全方位浏览。

- 三维图层控制：可控制图层是否显示、是否可编辑。

- 三维量算：提供距离、角度和高程量算功能。

- 三维飞行：提供飞行到指定地点、按照指定路线飞行等几种飞行方式。

2. 数据查询

数据查询功能可以查询各种水利设施，这是系统的基本组成部分，也是用户使用频率最高的功能。数据查询主要包括定位查询、范围查询等方式，查询结果的表现形式丰富多样，可以通过表格展示，也可以统计图等形式在三维场景上展示。

- 定位查询：通过输入经纬度或者水利基础设施名称进行定位。

- 范围查询：按照行政区划或者流域范围查找包含在内的水利基础设施。

3. 实时雨水情数据动态展示

实时雨水情数据动态展示功能以雨水情和防洪工程数据库为基础，结合等值面(线)绘制、过程线绘制、空间查询、专题图制作等技术，实现雨水情信息在三维场景上的实时动态展示，主要包括以下三方面的功能。

(1) 实时降雨。

实时降雨功能以雨水情数据库为基础，通过对实时降雨量插值和提取等值面，以不同的风格在三维场景上直观地展示。实时降雨实现效果如图 7-10 所示。

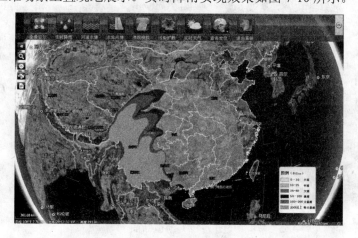

图 7-10　实时降雨分布

(2) 水库水情查询统计。

水库水情查询统计设定某空间范围内的雨量站、查询时间范围(开始时间、结束时间)，通过检索得出该区域该时段内各降雨站降雨过程曲线图后，可以统计出该区域该时段内的平均降雨量、累计降雨量等，实现效果如图 7-11 所示。

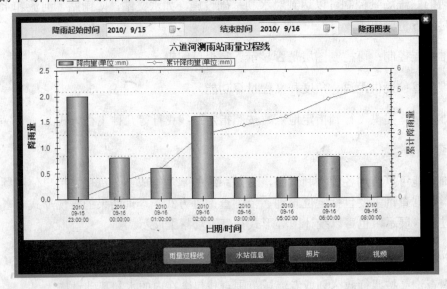

图 7-11　雨量展示

(3) 河道水情查询统计。

河道水情查询统计通过设定查询的空间范围和时间范围进行查询，查询结果以列表形式展示，对超过警戒水位的水库高亮显示。通过获取水库的水位、警戒水位和危险水位等信息可以绘制出河道断面、水库水位、水位过程线等来展示水库实时水情。实现效果如图 7-12 和图 7-13 所示。

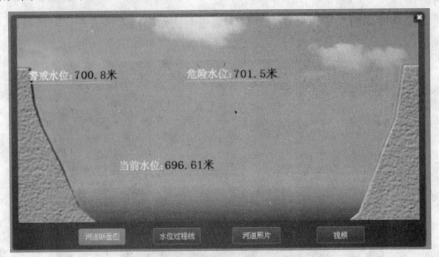

图 7-12　河道断面

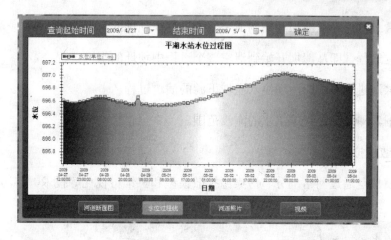

图 7-13 水位过程线

4. 溃坝模拟

溃坝模拟是在系统中，通过前期数据预处理、模型计算、地形等值线提取、地图风格渲染、专题图制作等一系列操作，在三维场景上对某一段时间内的洪水演变过程进行分析和动态模拟展示，实现效果如图 7-14 所示。具体实现内容如下所述。

图 7-14 溃坝模拟

- 坝址流量过程，即从溃坝开始到泄空整个过程中坝址的流量过程。

- 坝址水位过程，即从溃坝开始到泄空整个过程中坝址的水位过程。

- 下游洪水演进过程，即溃坝洪水在坝下游的演进过程。

- 淹没范围，即溃坝过程中洪水的淹没范围。

5. 水污染扩散模拟

水污染扩散模拟是通过网格剖分、污染源扩散模型和三维可视化等技术，将污染扩散过程实时动态地在三维场景上展示。实现效果如图 7-15 和图 7-16 所示。

图 7-15　污染源扩散 1

图 7-16　污染源扩散 2

6. 实时天气预报

实时天气预报可以通过对接中国气象局发布的实时气象信息，将全国主要城市的实时天气信息在三维场景中做相关展示。单击各个天气图标，能展示出该城市实时天气、温度、穿衣指数、紫外线指数和洗车指数等。实现效果如图 7-17 所示。

图 7-17　天气预报

7.3　地理数据数字水印插件

SuperMap Deskpro .NET 地理数据数字水印插件由南京师范大学地理科学学院朱长青水印组和北京超图软件股份有限公司合作开发，能够对 SuperMap 数据(SDB 格式、UDB 格式)提供版权保护，使用追踪和身份验证，为数据的版权保护提供坚实的基础。以下将详细介绍该插件的设计及实现。

7.3.1　地理数据保护现状

地理数据现在已经广泛应用于社会各行业、各部门，如城市规划、交通、银行、航空航天等。地理数据应用有如下的特点。

● 数据类型多。单从数据组织来说便可分为矢量、栅格和影像数据。而矢量数据又可分为点、线、面数据等；栅格数据的主体为 DEM 数据；影像数据又分为灰色、彩色图像，遥感影像图中又包含单波段、多波段图像等各种类型。在实际的应用和商用过程中，各大公司和科研院所都推出了自己专属的数据格式，如 AutoCAD 公司的 DWG 格式、ESRI 公司的 SHP 格式、SuperMap 公司的 SDB 格式等。

- 数据量大。地理数据是对地表现状的描述与重绘，数据量非常庞大。这一点从影像数据的数据量即可看出，一幅航拍的原图数据可达 12 TB。而矢量数据所包含的点、线、面非常之多，一幅正常的矢量地图的数据量可达 GB 级。地理数据量的庞大和繁杂可见一斑。

- 数据精度要求高。地理数据在城市规划、交通、航空航天领域有很重要的用途，因此，要求地理数据的精度高，和实际地形的误差要很小。

随着社会的发展和进步，地理数据面临着开放和保护这两个相互矛盾又相互制约的抉择。社会的发展需要地理数据的开放，而国家的安全又要求数据的安全保护。但是地理数据格式多、数量大，不易存储和保护，稍有不慎就可能造成数据的泄露，这将给国家和社会带来严重的危害。同时地理信息系统网络化、移动化的发展趋势等也给地理数据的安全保护带来了严峻的考验。

传统的信息安全技术主要是加密技术。目前，计算技术的飞速发展使得密码破译能力越来越强，常规密码的安全性受到了很大的威胁。密码一旦破译，数据就会失控，数据版权就得不到保护。另外，传统的密保方案如限制复制、只能通过光盘传输数据等给地理信息系统的快速发展、国民经济发展计划的制订带来了严重的阻碍。开放、发展和共享是地理数据的主流方向，因此地理数据亟须一种能够适应地理信息系统发展、社会发展趋势的保护方式。

7.3.2 数字水印技术

数字水印技术是信息安全领域中近年来发展起来的前沿技术。它是一种信息隐藏技术，它的基本思想是在数字图像、音频和视频等数字产品中嵌入秘密信息以便保护数字产品的版权、证明产品的真实可靠性、跟踪盗版行为或者提供产品的附加信息。其中的秘密信息可以是版权标志、用户序列号或者是产品相关信息。一般来说，上述内容需要经过适当的变换再嵌入数字产品中，通常称变换后的秘密信息为数字水印。

从一定意义上来说，数字水印类似于需要保护的数据的 DNA，是某个数据的独一无二的身份标识，此身份标识不可见并能经受一定程度的攻击，在需要鉴定数据来历或者验证版权所有者时可以通过一定的手段检测出来。数字水印可以在数据分发或生产时嵌入，数字水印具有不可感知性、鲁棒性、可用性、安全性及不可抵赖性等特征。

- 不可感知性是指水印嵌入后，数据和原始数据相比不会发生感官上的变化。

- 鲁棒性是指隐藏对象不会因为某种常用信号处理操作而丢失的能力。

- 可用性是指水印嵌入后能保持数据可用的能力。

- 安全性是指未经授权的客户将不能检测到产品中是否有水印存在，水印难以被篡改和伪造，误检测率较低。

- 不可抵赖性是指要求水印数据所携带的水印信息能够被唯一确定地鉴别，不能有歧义。

设计数字水印的初衷是为了保护版权，然而随着数字水印技术的发展，人们发现了越来越多的应用。如今，数字水印在数字内容的广播监控、所有者鉴别、所有权验证、操作跟踪、内容认证、复制控制和设备控制等方面得到了十分广泛的应用。

7.3.3　地理数据数字水印插件实现

SuperMap Deskpro .NET 地理数据数字水印插件采用朱长青水印组水印算法研究成果，该算法具有嵌入和提取高效、自动生成文字或图片等水印信息、鲁棒性强、不影响地理数据后续使用和空间分析的特点。水印算法的基本框架如图 7-18 所示。

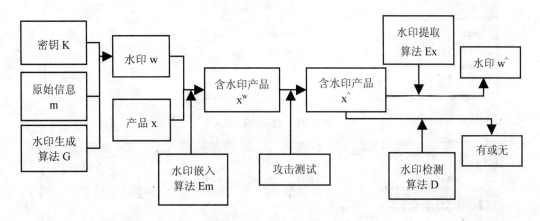

图 7-18　数字水印基本框架

数字水印处理主要分为两个步骤：数字水印的嵌入和提取。数字水印的算法通过标准动态链接库的形式提供水印种子，在实现嵌入时，需要读取地理数据的所有位置作为种子点和水印种子一起生成水印信息。

地理数据的读取步骤十分重要，这是因为数字水印是对地理数据进行操作，通过对地理数据的极为微小的不影响其后续使用及空间分析的改动从而达到嵌入数字水印的目的。因此，高效、无误地读取地理数据是数字水印嵌入的关键之一。

在 SuperMap 中不同类型的数据是分别存储的，无论是矢量还是栅格数据，SuperMap Objects .NET 都提供了极其高效快捷的数据读取接口，使得水印种子能够嵌入每个坐标点或像素中，实现水印的嵌入和提取。通过 SuperMap Objects .NET 组件开发平台和水印算法动态链接库(dll)实现水印的嵌入和提取功能后再次进行封装，即可使用 SuperMap Deskpro .NET 的扩展开发框架完成 SuperMap Deskpro .NET 地理数据数字水印插件(插件开发可以参考本书第 5 章)。

SuperMap Deskpro .NET 地理数据数字水印插件具有应用方便、体积极小、嵌入与提取水印高效、水印算法优越等特点。水印嵌入的功能界面如图 7-19 所示。水印算法保证了矢量数据能够抵抗增删点、旋转、数据格式转换、平移、裁剪等攻击，影像数据在经历了裁剪、旋转、平移、拉伸、扭曲、放大、缩小等攻击后仍然能提取出水印信息。水印提取的功能界面如图 7-20 所示，其功能是从需要检测的数据中提取或者检测水印信息，在水印以隐藏方式嵌入后，需要通过水印提取功能方可检测到水印信息。

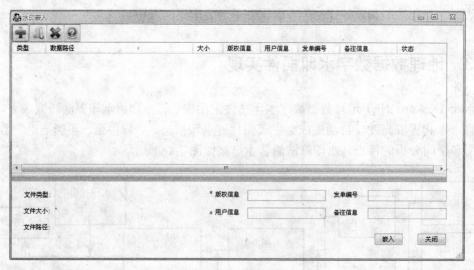

图 7-19　数字水印嵌入

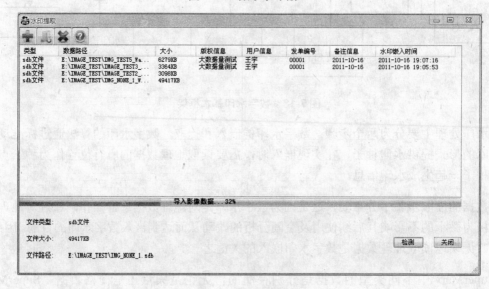

图 7-20　数字水印提取

说明　数字水印技术是朱长青水印组从 2006 年开始历时 6 年的国家 863 项目研究成果。其独立研发的"吉印"地理数据数字水印软件系统于 2011 年 4 月和 5 月分别通过了军队测绘主管部门及江苏省测绘局的评审，获得了王家耀院士、杨元喜院士等专家的高度评价，他们一致认为水印系统达到了应用要求。目前，朱长青水印组已经和北京超图软件股份有限公司、中国地质调查局发展研究中心、中国测绘科学研究院、江苏省测绘局、四川省测绘局、平顶山测绘局、珠海市国土资源局、15 所等军内外单位进行了合作，分别开发了独立的数字水印系统、组件式数字水印模块等，得到了用户的广泛好评。

7.4 数字洞头三维景观信息系统

洞头县位于浙南沿海、瓯江口外东南方向，是全国 14 个海岛县(区)之一，由 103 个岛屿和 259 个礁组成，被誉为"百岛之县"、"东海明珠"。洞头自然风光优美，具有"石奇、滩佳、礁美、洞幽"的特色，是浙江省唯一以县域命名的旅游风景名胜区，并与雁荡山、楠溪江相得益彰，共同构成了温州"山—江—海"旅游金三角。

为了展示城市规划和招商引资，促进当地经济的快速发展，洞头县规划局委托北京超图软件股份有限公司开发数字洞头三维景观信息系统。该系统采用 SuperMap Deskpro .NET 软件扩展开发，基于三维模型、遥感影像及地形数据对洞头县进行实地景观模拟，使用户获得身临其境的体验。

以下简要介绍该系统的设计及部分实现过程。

7.4.1 系统设计

数字洞头三维景观信息系统的使用者有两类：一类是三维景观的浏览者，因为该系统建设的目的是为了招商引资，这是该系统最主要的使用群体；另一类是系统管理者，该类人群使用系统的目的是对三维景观以及相关信息进行修改、编辑，以保证该系统的时效性。为此该系统定义了两类用户：普通用户和管理员。普通用户主要进行三维景观浏览和查询等操作，管理员除了进行三维景观浏览和查询等操作以外，更多的操作是对模型数据的管理。图 7-21 是普通用户业务流程图，图 7-22 是管理员业务流程图。

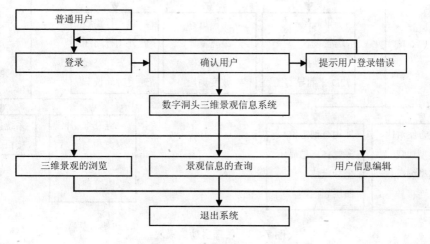

图 7-21 普通用户业务流程

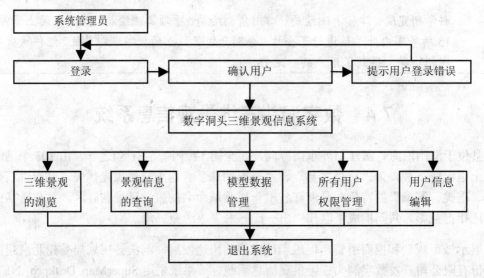

图 7-22　管理员业务流程

根据两类用户的业务需求，系统划分了系统管理、三维场景浏览和重大项目展示三大功能模块。图 7-23 是管理员功能模块的构成。三个功能模块的功能分别放置在不同的插件中，图中矩形框标出部分为 SuperMap Deskpro .NET 直接提供的功能，其他功能均采用 SuperMap Deskpro .NET 提供的对象接口实现。系统所需功能准备完成之后，即可对 SuperMap Deskpro .NET 进行界面的重新配置(界面配置可参考本书第 4 章的内容)，完成该系统的开发。

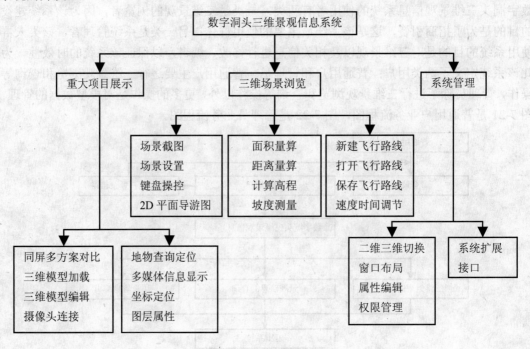

图 7-23　管理员功能模块

> ⊛说明　管理员对系统的功能需求完全涵盖普通用户对系统的需求，本书不再对普通用户
> 功能模块进行说明。

7.4.2　界面风格设计

数字洞头三维景观信息系统的管理员操作界面沿用 SuperMap Deskpro .NET 的 Ribbon 界面
风格，对主程序标题和图标进行修改即可快速实现界面，实现效果如图 7-24 所示。主程序
标题和图标是在全局配置文件(SuperMap.Desktop.Startup.xml)中指定，该部分实现过程可参
考 4.4.2 节内容。

图 7-24　管理员操作界面

普通用户操作界面采用全景界面风格，实现效果如图 7-25 所示。全景模式的系统界面可以
提升用户体验，由于 SuperMap Deskpro .NET 提供这种全景浏览方式，因此无需再进行开
发，通过对启动界面的重写即可实现。本书第 6 章对启动开发进行了详细讲解，此处不再
赘述。主界面上的功能按钮放置在另外一个窗体上面，把这个窗体与全景式浏览的主界面
进行关联即可实现对三维场景的操作。

图 7-25　普通用户操作界面

7.4.3　重点功能介绍

7.4.1 节介绍的重大项目展示模块是根据系统特点采用 SuperMap Deskpro .NET 的对象与接

口扩展开发的插件，提供三维模型加载、三维模型编辑、摄像头连接、多媒体信息显示、地物查询定位、同屏多方案对比等功能。以下简要介绍几个重点功能。

1. 三维模型加载

数字洞头三维景观信息系统最常用的功能是三维景观浏览，因此景观的再现效果、漫游速度等都是用户体验的重要指标。本系统采用 3D MAX 软件进行模型制作，大量的模型修改工作要求系统加载 3D 模型的功能操作简便，SuperMap 模型插件可以解决这个问题。

SuperMap 模型插件是北京超图软件股份有限公司研发的基于 3D MAX 平台的模型导入导出的功能插件。该插件不仅支持 3D MAX 的模型和超图格式数据的转换，还支持从 3D MAX 中导出带经纬度坐标的模型，在 SuperMap Deskpro.NET 中根据经纬度坐标即可将此模型放置到三维球体相应的位置。图 7-26 为该系统添加三维模型的对话框。

图 7-26　添加三维模型的对话框

2. 三维模型编辑

使用数字洞头三维景观信息系统进行数据维护时，如果需要对 3D MAX 建模时自带的属性进行修改，如调整模型贴图、改变模型形状等，此类工作可以先在 3D MAX 软件中修改完成后再加载到系统当中；如果需要对模型的扩展属性(除了 3D MAX 中模型自带的属性，该系统根据空间地物管理需求对模型进行了属性扩展)进行修改，如变更模型代表的地物属性，调整模型的位置、大小等，此类工作可以直接在该系统的三维场景中进行操作。图 7-27 为模型编辑功能展示。

图 7-27　模型编辑

3. 摄像头连接

系统提供摄像头监控功能，操作者单击摄像头连接按钮后可将系统中的三维模型与实际地物安装的摄像头相连接。图 7-28 是某处地物两个摄像头同时监控的效果。通过该功能可以将该系统与真实世界相连接，增强用户体验。

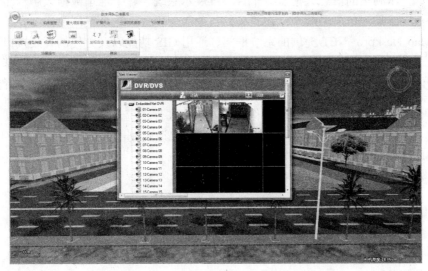

图 7-28　摄像头连接

4. 同屏多方案对比

同屏多方案对比能够在一个场景中打开多个规划方案，既可以查看方案规划前和规划后的场景对比，也可以同时对两套方案的细部进行观察、比对、修改，为城市规划设计提供重要参考。图 7-29 是建筑用地与绿化用地规划设计对比效果。

图 7-29　同屏多方案对比

7.5　本　章　小　结

本章介绍了 4 个基于 SuperMap Deskpro .NET 扩展开发的应用案例，分别是"公共气象服务平台"、"水利空间信息共享服务平台三维展示系统"、"地理数据数字水印插件"和"数字洞头三维景观信息系统"。在"公共气象服务平台"这个案例中详细介绍了如何借助 SuperMap Deskpro .NET 提供的系统框架、通用 GIS 功能以及方便的开发接口进行插件开发和系统扩展。由于基于 SuperMap Deskpro .NET 进行扩展开发的实现方式基本类似，因此在其他三个案例中，仅针对应用案例本身的特点进行系统设计阐述及实现功能的介绍。

这种基于 SuperMap Deskpro .NET 插件式开发框架进行系统开发的方式，不仅使得框架集成的功能非常完善，而且针对不同的应用行业可以快速定制出满足功能需求的 GIS 系统，因此这也是进行 GIS 应用系统开发的重要方式之一。